"十四五"高等学校美术与设计应用型规划教材

总主编：王亚非

UI界面设计

王　璐　编著

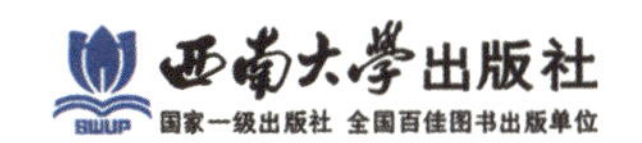

图书在版编目（CIP）数据

UI界面设计 / 王璐编著. — 重庆：西南大学出版社, 2022.9（2024.11重印）
ISBN 978-7-5697-1532-3

Ⅰ. ①U… Ⅱ. ①王… Ⅲ. ①人机界面－程序设计
Ⅳ. ①TP311.1

中国版本图书馆CIP数据核字（2022）第155229号

“十四五”高等学校美术与设计应用型规划教材
总主编：王亚非

UI界面设计
UI JIEMIAN SHEJI
王 璐 编著

总 策 划：周 松 龚明星 王玉菊
执行策划：鲁妍妍 徐庆兰
责任编辑：鲁妍妍 徐庆兰
责任校对：邓 慧
封面设计：闰江文化
版式设计：璞茜设计
排 版：黄金红
出版发行：西南大学出版社（原西南师范大学出版社）
地 址：重庆市北碚区天生路2号
印 刷：重庆长虹印务有限公司
幅面尺寸：210 mm × 285 mm
印 张：7.25
字 数：184千字
版 次：2022年9月 第1版
印 次：2024年11月 第4次印刷
书 号：ISBN 978-7-5697-1532-3
定 价：65.00元

本书如有印装质量问题，请与我社市场营销部联系更换。
市场营销部电话：（023）68868624 68253705

西南大学出版社美术分社欢迎赐稿。
美术分社电话：（023）68254657

序

当下，普通高校毕业生面临“‘超前’的新专业与就业岗位不对口”“菜鸟免谈”“毕业即失业”等就业难题，一职难求的主要原因是近些年各普通高校热衷于新专业的相互攀比、看重高校间的各类评比和竞争排名，人才培养计划没有考虑与社会应用对接，教学模式的高大上与市场需求难以融合，学生看似有文化素养了，但基本上没有就业技能。如何将逐渐增大的就业压力变成理性择业、提升毕业生就业能力，是各高校亟须解决的问题。而对于普通高校而言，如果人才培养模式不转型，再前卫的学科专业也会被市场无情淘汰。

应用型人才是相对于专门的学术研究型人才提出的，以适应用人单位为实际需求，以大众化教育为取向，面向基层和生产第一线，强调实践能力和动手能力的培养。同时，在以解决现实问题为目的的前提下，使学生有更宽广或者跨学科的知识视野，注重专业知识的实用性，具备实践创新精神和综合运用知识的能力。因此，培养应用型人才既要注重智育，更要重视非智力因素的动手能力的培养。

根据《教育部 国家发展改革委 财政部关于引导部分地方普通本科高校向应用型转变的指导意见》，推动转型发展高校把办学思路真正转到服务地方经济社会发展上来，转到产教融合校企合作上来，转到培养应用型技术技能型人才上来，转到增强学生就业创业能力上来，全面提高学校服务区域经济社会发展和创新驱动发展的能力。

目前，全国已有 300 多所地方本科高校开始参与改革试点，大多数是学校整体转型，部分高校通过二级学院开展试点，在校地合作、校企合作、教师队伍建设、人才培养方案和课程体系改革、学校治理结构等方面积极改革探索。推动高校招生计划向产业发展急需人才倾斜，提高应用型、技术技能型和复合型人才培养比重。

为配套应用型本科高校教学需求，西南大学出版社特邀国内多所具有代表性的高校中的美术与设计专业的教师参与编写一套既具有示范性、引领性，能实现校企产教融合创新，又符合行业规范和企业用人标准，能实现教学内容与职业岗位对接和教学过程与工作流程对接，更好地服务应用型本科高校教学和人才培养的好教材。

本丛书在编写过程中主要突出以下几个方面的内容：

（1）专业知识，强调知识体系的完整性、系统性和科学性，培养学生宽泛而扎实的专业基础知识，尽量避免教材撰写专著化，要把应用知识和技能作为主导；

（2）创新能力，对所学专业知识活学活用，实践教学环节前移，培养创新创业与实战应用融合并进的能力；

（3）应用示范，教材要好用、实用，要像工具书一样传授应用规范，实践教学环节不单纯依附于理论教学，而是要构建与理论教学体系相辅相成、相对独立的实践教学体系。可以试行师生间的师徒制教学，课题设计一定要解决实际问题，传授“绝活儿”。

本丛书以适应社会需求为目标，以培养实践应用能力为主线。知识、能力、素质结构围绕着专业知识应用和创新而构建，使学生不仅有“知识”“能力”，更要有使知识和能力得到充分发挥的“素质”，具备厚基础、强能力、高素质三个突出特点。

应用型、技术技能型人才的培养，不仅直接关乎经济社会发展，更是关乎国家安全命脉的重大问题。希望本丛书在新的高等教育形势下，能构建满足和适应经济与社会发展需要的新的学科方向、专业结构、课程体系。通过新的教学内容、教学环节、教学方法和教学手段，以培养具有较强社会适应能力和竞争能力的高素质应用型人才。

2021年11月30

前 言

UI 设计是个广泛的概念，总体来说，它基本可以分为三个方面：用户研究、交互设计、界面设计。设计师也从早年的“美工”转化为需要掌握多种技能的“全能型”设计师，这对想入行的新手提出了更高的要求。在教学中，由于课时的限制和学生认知的局限，UI 设计的三个方面不能面面俱到，而应有所侧重。本书定位为 UI 界面设计课程的教学用书，在用户研究、交互设计两方面有所介绍但不全面，重点讲解界面设计。本书采用项目式教学方法，力求辅助教师和学生更好地、更高效地进行教学活动，使学生能够在案例的推进中快速掌握技能并获得入行的自信。项目所呈现的案例均为虚拟案例，用来进行分析的竞品均为上线产品，仅做教学使用。

本书从应用型本科高校的培养方案着手，以更好地就业和服务社会为培养目标，内容框架主要分为两个大方向：移动端 UI 界面设计和 PC 端 UI 界面设计。采用的教学方法是项目式教学法，将知识点涵盖进项目设计的过程，实现在用中学、在学中用的良性教学互动。书中移动端 UI 界面设计有四个项目，PC 端 UI 界面设计有三个项目，知识点层层递进，项目涵盖工作中常见的多个方面。每个项目由五个模块组成：1. 项目说明：介绍产品的需求、项目的要求等；2. 知识要点：整理本项目所需理论知识；3. 技能要点：具体讲解操作过程中的重点知识；4. 项目步骤：引导学生完成项目实践练习，并解决实际操作方法；5. 知识拓展：辅助理论学习，扩充知识面；6. 思考与练习：根据项目所学布置思考任务和设计练习任务。

移动端的四个项目如下，层层深入，互为补充。

项目一：音乐 App 界面设计。项目需完成“小众音乐”App 首页的线框图、原型图设计。教学目的是了解基本的页面搭建规则和方法、快速上手界面设计。

项目二：电商 App 界面设计。项目需完成“探宝”App 启动图标、登录界面操作流程图、登录界面交互原型图的设计。教学目的是进行学生交互思维的培养，实现从平面设计到 UI 设计思维的转变。

项目三：社交 App 界面设计。项目需完成“萌伴”App 主界面原型图设计。教学目的是深入了解界面设计的方法，使界面美观规范。

项目四：美食 App 界面设计。项目需从 0 到 1 完成一款原创 App 的设计工具。教学目的是培养学生的互联网思维，从单纯做界面的元素排版，到深层次地思考产品和用户体验，与开发配合使页面设计可以用代码实现。

PC 端的三个项目如下，涵盖面较广，基本满足就业所需。

项目一：企业官网设计。项目需完成一个科技类公司的企业官网设计。教学目的是使学生掌握企业官网的相关知识点，并能完成规范的设计制作。

项目二：店铺首页设计。项目需完成一个植物盆栽店铺的首页设计。教学目的是培养学生的电子商务设计思维，使其能够独立完成 Banner 的设计制作，完成店铺首页的搭建。

项目三：电商详情页设计。项目需完成一款产品的详情页设计。教学目的是培养学生成为具备电商工作能力的互联网人才。

本书秉承为高等院校教师和学生服务的初心，扮演好教学辅助用书的角色，唯愿使用本教材的教师教学可以事半功倍，学生可以有所收获学有所成。笔者年轻学浅，书中内容如有遗漏或错误，还请专家学者不吝赐教。

课程计划

（本书参考学时为 68 学时，其中教师讲授环节为 31 学时，学生实训环节 37 学时，
学生自学视频等教学资料不算到学时中）

章名	章节内容	学时	
		讲授	实训
第一章 UI 设计概述	第一节 什么是 UI 设计	1	0
	第二节 UI 设计常用工具	1	1
	第三节 UI 设计学习方法	1	0
第二章 移动端 UI 界面设计项目实战	项目一 音乐 App 界面设计	4	4
	项目二 电商 App 界面设计	4	4
	项目三 社交 App 界面设计	4	4
	项目四 美食 App 界面设计	4	8
第三章 PC 端 UI 界面设计项目实战	项目一 企业官方网站设计	4	4
	项目二 店铺首页设计	4	6
	项目三 电商详情页设计	4	6
学时合计		31	37
合计		68	

二维码资源目录

序号	资源内容	二维码所在章节	码号	二维码所在页码
1	项目实战资源包	第一章	码 1-1	6
2	线性图标制作实例	第二章	码 2-1	19
3	App Store 的 Today 界面制作实例	第二章	码 2-2	20
4	“小众音乐”App 标签栏图标制作实例	第二章	码 2-3	21
5	“小众音乐”App 首页原型图制作实例	第二章	码 2-4	22
6	Axure RP 绘制流程图实例	第二章	码 2-5	36
7	Axure RP 绘制线框图实例	第二章	码 2-6	36
8	Adobe XD 原型功能	第二章	码 2-7	36
9	“探宝”App 登录页面制作实例	第二章	码 2-8	39
10	“探宝”App 手机号验证码登录交互原型图制作实例	第二章	码 2-9	40
11	Adobe XD 资源库的使用	第二章	码 2-10	48
12	制作流畅规范的 Logo	第二章	码 2-11	50
13	半立体风格的图标制作实例	第二章	码 2-12	52
14	“萌伴”App 一级界面原型图制作实例（1）	第二章	码 2-13	54
15	“萌伴”App 一级界面原型图制作实例（2）	第二章	码 2-14	54
16	XMind 的基本操作方法	第二章	码 2-15	66
17	PxCook 的操作方法	第二章	码 2-16	66
18	蓝湖的操作方法	第二章	码 2-17	67
19	“轻食”App 原型图制作实例	第二章	码 2-18	69
20	“轻食”App 界面切图与标注制作实例	第二章	码 2-19	71
21	用 Adobe XD 制作页面栅格的方法	第三章	码 3-1	79
22	“道勤网络”官网原型图制作实例	第三章	码 3-2	81
23	Banner 制作实例	第三章	码 3-3	88
24	“多肉盆栽”店铺首页制作实例	第三章	码 3-4	92
25	Adobe Photoshop 的图片处理方法	第三章	码 3-5	100
26	“多肉盆栽”详情页制作实例	第三章	码 3-6	102

目 录

CHAPTER 1

第一章

UI 设计概述

第一节 什么是UI设计

UI 是什么？这是我们学习 UI 界面设计前首先要了解的概念。

UI 即 User Interface，译为用户界面，从字面意思理解，我们可以看到两个主体，“用户”和“界面”。我们可以想象一个场景：用户去使用一个机器，这个机器有个可操作的界面，为了更好地使机器服务于用户，这个界面要经过设计。设计不仅要让界面变得美观，还要操作便捷、舒适，最好还能体现产品的定位和特点。用户通过界面进行操作，得到自己想要的结果，机器提供准确的反馈，这个过程就是人机的交互，而机器的界面设计就是 UI 用户界面设计。

因此 UI 设计不仅服务于电脑界面、手机界面，凡是有人机交互的地方都需要 UI。UI 设计是为了满足专业化、标准化需求而对软件界面进行美化、优化和规范化的设计分支。随着科技的发展，UI 设计被应用于越来越多的领域之中，比如可穿戴设备、智能家居显示屏、医疗器械、虚拟现实设备、交互式触摸导航、汽车 GPS 导航、飞机及科技产品等，需要设计的主要内容包括软件启动界面、软件框架、按钮、面板、菜单、标签、状态、安装及商品化等。（图 1-1）

UI 的概念中本身就包含 Interface（界面），因此做 UI 设计其实就是做界面设计。但这个界面设计并不是像平面设计一样，追求点、线、面和构成感，而是要考虑更多的交互逻辑和用户需求，服务于用户和功能。广泛来说，UI 界面设计包含三大方面：视觉设计、交互设计和用户体验。

UI 视觉设计就是把界面的元素进行合理布局，色彩搭配和谐，图标等元素美化，视觉风格与产品风格统一，形成美观有辨识度的界面。

UI 交互设计就是定义和设计软件的操作流程、页面跳转逻辑、操作规范、控件状态等问题。

UI 用户体验设计从开发产品的最早期就开始，贯穿于整个设计流程，关注用户的行为习惯和心理感受，通过用户研究和需求分析，指引交互设计和界面设计的方向。

要想完成一款优秀的互联网产品，UI 界面设计的三大方面需要协同运行、相辅相成，产品经理、交互设计师、前端工程师、视觉设计师等职位应运而生，每个岗位所需要掌握的知识与技能有所侧重，一般来说，设计专业的学生多选择 UI 视觉设计师作为就业方向。

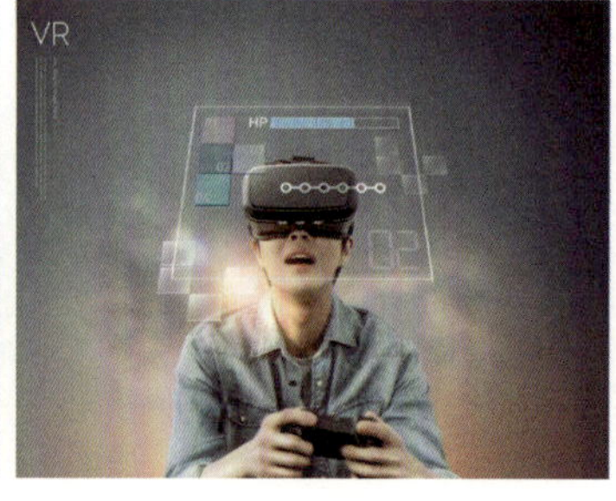

图 1-1 生活中的 UI

第二节 UI设计常用工具

要成为一名 UI 设计师，所具备的应该是综合能力，既要会操作页面设计的软件，又要懂交互的基本原则，还需要从用户角度思考设计，具有一定的全局思维。一般来讲，UI 设计师的技能主要包括软件技能，例如 Adobe Photoshop、Sketch 等；设计理论能力，例如配色、排版、字体设计、用户研究等；还有工作沟通能力，例如会议阐述、决策建议等。

UI 设计常用的软件工具主要有以下几大类：

一、视觉创作软件

Adobe Photoshop、Adobe Illustrator 等。（图 1-2）

这类软件主要用来进行平面创作，完成 UI 中的插画、图标、字体、广告图等视觉画面的设计与合成。列出的这两款软件是美国 Adobe 公司旗下，集图像制作、编辑修改、广告创意、图像输入与输出于一体的图形图像处理软件。它们功能强大也很容易入手，可以说是设计师不可或缺的软件技能。同类的软件也有很多，比如 GIMP、Corel Painter 等，这类图像处理软件能熟练掌握一种即可。

二、界面设计软件

Adobe XD、Sketch 等。（图 1-3）

这类软件主要用来高效地排版布局，快速展示整体界面，是 UI 界面设计的主要工具。Adobe XD 是 Adobe 公司旗下为了 UI 设计专门开发的软件，界面看起来与 Adobe Photoshop 很相近，但是剔除了其中很多与 UI 设计无关的工具，使界面变得更简洁，更好上手。Sketch 可以说是现在 UI 设计中最流行的工具，它的优点非常多：画布尺寸无限、线上保存、切图标注非常方便、整体架构布局可以直接下载并使用 Mockup 模板等。而且这两款都是矢量绘图软件，通过布尔运算等方法可以很容易绘制图形，也更好地保证了按钮等控件的清晰度。需要注意的是，Adobe XD 支持 Windows 和 iOS 系统，而 Sketch 现在仅支持 iOS 系统。

图 1-2 视觉创作软件

图 1-3 界面设计软件

三、原型创作软件

Axure RP、Protopie、墨刀等。（图 1-4）

Axure RP 是专门用来绘制线框原型的工具，并且便于在原型文件中进行逻辑标注和连线，是产品经理最常使用的经典工具之一。Axure RP 的可视化工作环境可以让人轻松快捷地以鼠标创建带有注释的线框图。不用进行编程，就可以在线框图上定义简单连接和高级交互。ProtoPie 是一款交互原型制作工具，简单易上手，能够实现很多动画效果，还具备复杂的条件和参数设置，支持多点触摸手势和手机传感器，可以导入手机演示，支持 Windows 和 Mac 双平台。像这类直接用鼠标就能制作的交互软件，设计师就不需要会编写代码了，可以将更多精力投入设计本身。墨刀是一款打通产设研团队，实现原型、设计、流程、思维导图一体化的在线协同工具，操作简单，自带素材库，支持云端操作，更便于随时随地办公和团队协作。

四、交互动效软件

Adobe After Effects、Flinto、Principle、Framer 等。（图 1-5）

Adobe After Effects 是一款功能功能强大的非线性编辑软件，主要用于后期制作，可以高效精确地创建出创意十足的动态图像和独特的视觉效果。作为 Adobe 家族的一员，它可以与 Adobe Photoshop、Adobe Illustrator 等软件互相贯通，自由地共享文件，方便设计工作。它在 UI 设计中主要是针对特定元素制作出特定效果，比如加载进度条交互效果的制作等。Principle 和 Flinto 对比 AE 来说要更简单，入手更容易一些。Principle 适合做微动效，并且界面不多的情况。页面多、大部分页面以简单跳转为主，对动效细节要求相对不高的话适合用 Flinto。

图 1-4 原型创作软件

图 1-5 交互动效软件

五、代码编程软件

Adobe Dreamweaver、Xcode、Sublime Text 等（图 1-6）。

Adobe Dreamweaver，简称“DW”，中文名称 “梦想编织者”，最初为美国 Macromedia 公司开发，2005 年被 Adobe 公司收购。DW 是集网页制作和管理网站于一身的所见即所得网页代码编辑器。鉴于 DW 对 HTML、CSS、JavaScript 等内容的支持，设计师和程序员可以在几乎任何地方快速制作和进行网站建设。Xcode 是苹果公司向开发人员提供的集成开发工具，用于开发 macOS、iOS 的应用程序。Sublime Text 是一个文本编辑器，同时也是一个先进的代码编辑器，具有漂亮的用户界面和强大的功能，例如代码缩略图、Python 的插件、代码段等，还可自定义键绑定菜单和工具栏。Sublime Text 是一个跨平台的编辑器，同时支持 Windows、Linux、macOS 等操作系统。

六、协同工作软件

蓝湖、Zeplin、PxCook 等。（图 1-7）

蓝湖是一个产品设计协作平台，提供无缝衔接产品、设计、研发流程的服务，能够大大降低不同工种之间的沟通成本，提高团队整体的工作效率。运用在线平台，可以下载多款设计软件的蓝湖插件，方便快捷。Zeplin 面向的用户是设计师和前端工程师，核心功能为标注、Style Guide、备注文档等。PxCook 是一款切图设计工具，支持线上一键拖拽上传的自动标注，支持画板、项目创建。做完后设计师上传设计稿，程序员点击即可生成代码。这些工具都使得设计师与开发工程师之间的沟通等成本大幅减少，是非常实用的工具。

图 1-6 代码编程软件

图 1-7 协同工作软件

第三节 UI设计学习方法

了解了 UI 是什么，UI 设计师需要具备的技能和软件，我们会发现它是个综合性强、知识点琐碎的科目。但千万不要慌张，因为虽然列出了那么多技能，也不是要我们在初期全部学完，这不现实也没必要，那么多软件我们也不可能每样都会，只需要在每个领域中，熟练掌握一两款软件即可。现阶段我们需要掌握的是 Adobe Photoshop 或 Adobe Illustrator 进行图片处理及图标设计，加上一款 Adobe XD 或者 Sketch 做界面设计，再加上 PxCook 或蓝湖做标注切图即可。切勿好大贪多，学习所有软件，技能的堆砌对于学习 UI 设计没有好处，只有将时间多放在设计思维和设计练习上，才能更好地进步。

那么到底怎样才能学好 UI 设计，在大学阶段打下扎实的基础？

首先需要明确的是学习目标，给学习规划出具体的范围。对设计类专业学生来说，学习 UI 设计的首要目标是做出规范的、有美感的界面并且可以有拿得出手的作品用来找工作，成为一个可以入行的 UI 视觉设计师。因此，在学习中同学们应该多思考，并且多找参考，积累自己喜欢的或优秀的设计案例，并尝试做出相同视觉水平的作品。其次，理论结合实践，UI 设计理论占据很大的比重，例如用户体验五要素、SWOT 分析方法等，用理论知识决策自己的设计和方向，因此理论方面的学习和思考很重要，我们需要知道为什么这么做界面，有没有更好的解决方法。同时，UI 设计还是一门以实践为核心的课程，我们学习的这些理论，也无法直接告诉我们这个按钮应该做成多大，文字层级怎么分，如何把界面设计得更合理、更有美感。所以完成视觉设计这个首要目标，最需要的还是实践，在课程中结合项目案例不断思考，完成自己的练习和产出，配合理论知识辅助，才能有更多的收获。

码 1-1 项目实战资源包

注：本书项目实战所需软件安装包、字体包、UI kits 资源，以及项目源文件均可扫描码 1-1 获取。

CHAPTER 2

第二章

移动端 UI 界面设计项目实战

一、项目说明

1. 产品定位

本项目虚拟一款音乐类 App，名为“小众音乐”，其主要受众为小众音乐收听者和小众音乐创作者。目标用户年龄为 20~35 岁，他们对小众音乐热爱并愿意集成自己的圈子。App 的主要功能是听歌，可以搜索歌曲、推荐歌曲、分享歌曲、与听友讨论音乐话题等。

2. 框架结构图

在做具体的设计稿之前，需要用思维导图对项目的功能和功能层级关系进行梳理。例如图 2-1 是饿了么信息框架结构图（软件版本 10.9.35），通过树形结构我们可以清晰地看见饿了么 App 的主要功能和层级关系。

根据“小众音乐”的概念和定位，再结合竞品分析，整理出“小众音乐”App 的信息框架结构图（图 2-2）。

通过信息框架，可以看出来这款 App 主要包含三个主页面，底部导航需体现：首页、动态、我的。首页中包含搜索歌曲、每日推荐、排行榜、音乐社区、音乐日历这几个功能；动态页面可以分享单曲、发布动态等；我的页面可以查看最近播放、收藏、我的圈子等。

3. 项目要求

我们使用移动端 App 时会发现，真正上线的产品功能很全面，所包含的界面众多，这些界面可以简单分为一级界面、二级界面。以微信为例，“微信、通讯录、发现、我”是一级界面，通过一级界面点击进入的比如支付、文件传输等是二级界面。（图 2-3）

在教材中将一款 App 的所有界面都进行讲授是不现实的，项目一我们主要演示小众音乐 App 首页的设计。在进行原创界面设计之前，要先搜集相关资料，大量地体验同类产品，分析其功能和界面元素。参考是一种很好的学习方法，可以让我们更快地入门。本项目参考的上线 App 有网易云音乐、MOO 音乐、酷狗、波点音乐等。找到自己喜欢的界面设计，并尝试做出同等水平的作品，项目一的学习任务就完成了。

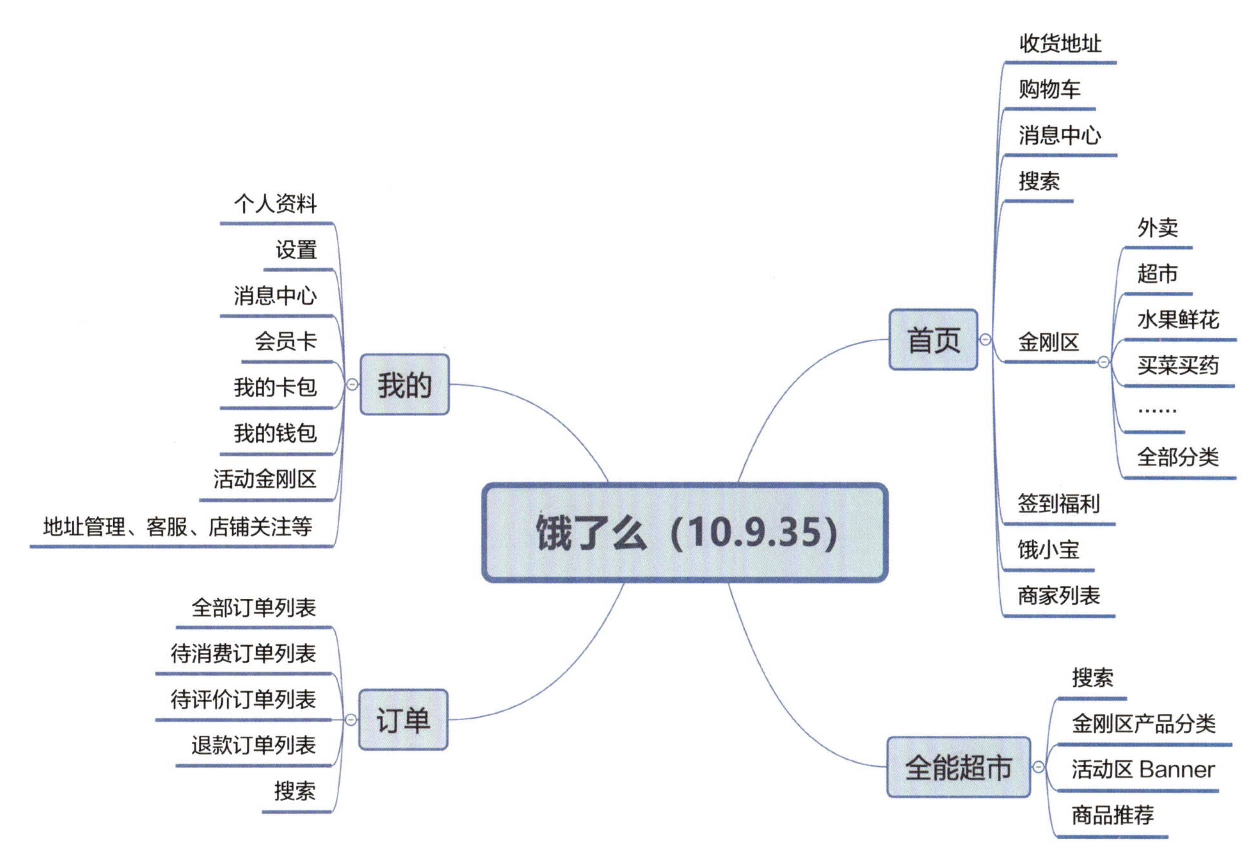

图 2-1 “饿了么”App 信息框架结构图（软件版本 10.9.35）

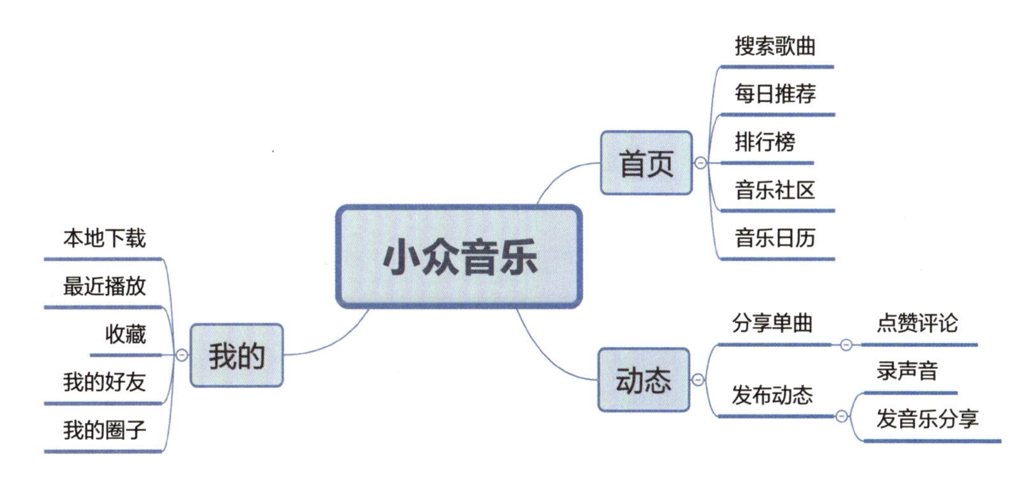

图 2-2 “小众音乐”App 信息框架结构图

二、知识要点

1. 界面设计尺寸

刚开始进行 UI 设计，很多同学都会问：究竟在软件中设置多大的画布？里面元素都多大？想搞清楚这个问题，就要先明白像素和分辨率的关系。

手机屏幕的物理大小是用英寸定义的，比如发行时候提及的 4.7 英寸、5.0 英寸等。（图 2-4）英寸是指屏幕对角线的长度，因此越大的屏幕，英寸值越大，1 英寸 =2.54 厘米。

在移动端的软件开发中，我们需要理解几个尺寸概念。

逻辑像素（点）：“点”是一种需要显示器通过像素来解释的矢量单位，我们也称它为逻辑像素。Android（安卓）系统开发用的单位是 dp，iOS 系统开发用的单位是 pt。

物理像素：是 UI 界面设计师实际作图时用的单位，缩写为 px。

按照常规理解，一个点应该包含一个像素，即 1pt=1px。但是随着屏幕显示密度的发展，一个点会用 2 倍或 3 倍的像素来显示，即 1pt=2px 或 1pt=3px。如图，一个 108pt 的圆，在不同倍率的屏幕中，像素尺寸呈倍数变化。（图 2-5）

拿 iPhone 各机型为例，逻辑像素 × 倍率 = 物理像素。（图 2-6）

我们设计时，可以使用逻辑像素的尺寸，也可以使用物理像素的尺寸。但要注意，如果是位图设计软件如 Adobe Photoshop，则建议使用物理像素尺寸来设计；如果是矢量绘图软件，则建议使用逻辑像素尺寸来设计。屏幕使用的图片分辨率 72 像素 / 英寸就够，因此在 UI 设计中，如果用 Adobe Photoshop 这类位图软件，那分辨率设置为 72 像素 / 英寸就足够了。

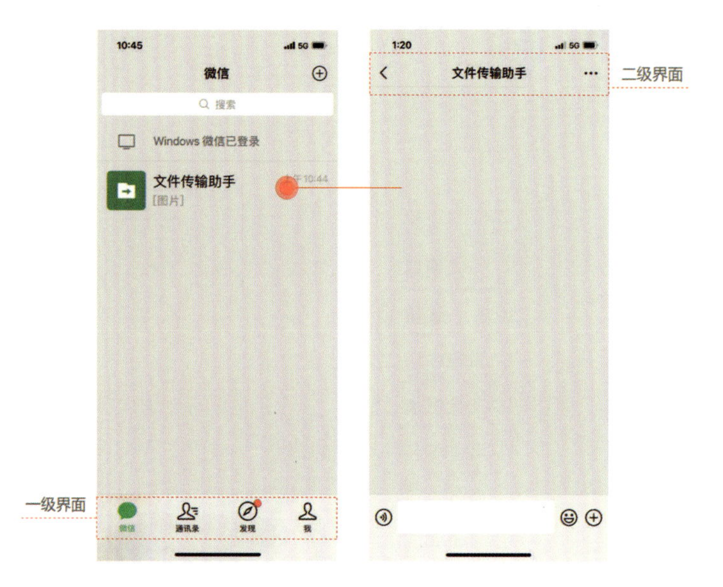

图 2-3 微信 App 中的一级界面和二级界面

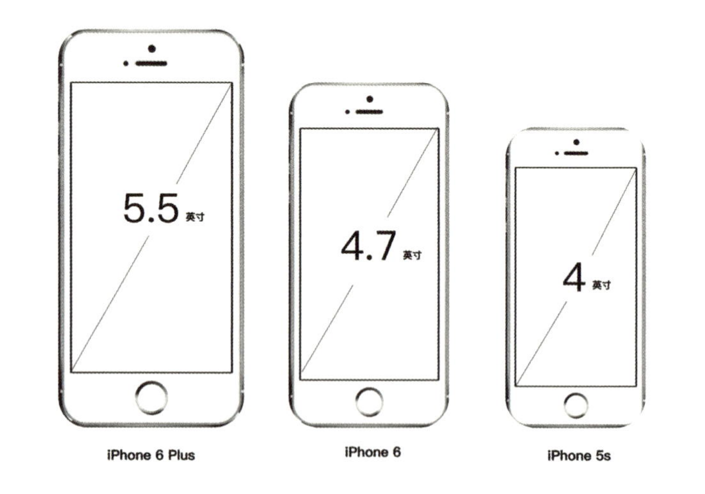

图 2-4 手机屏幕大小

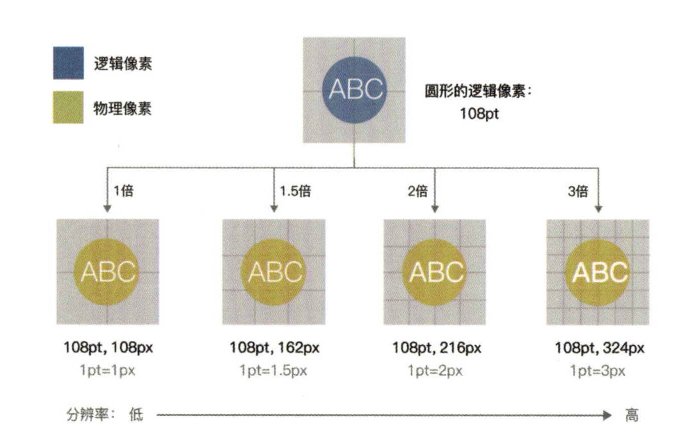

图 2-5 移动端的逻辑像素与物理像素

手机系统主要有两种：iOS 系统和 Android（安卓）系统，代表的手机分别为 iPhone 和华为、小米、vivo 等。手机款式众多，屏幕大小也都不同，设计时不可能同一个页面在尺寸不同的手机上都单独设计，因此我们会选择一个更容易适配、更常用的尺寸来进行设计。现在的主流做法是，使用 iOS 系统的手机按 iPhone X 尺寸进行设计，也就是 375pt×812pt，开发时再适配到其他尺寸中。这里列出一些常用的 Android 手机尺寸。（图 2-7）

2. 界面设计框架

（1）iOS 系统界面标准框架

iPhone 无刘海手机界面框架从上到下分别是：状态栏、导航栏、底部导航 / 标签栏、屏幕左右间距（图 2-8）。这些基本栏目的高度需要背下来，在设计时以这些尺寸为参考，进行界面设计。

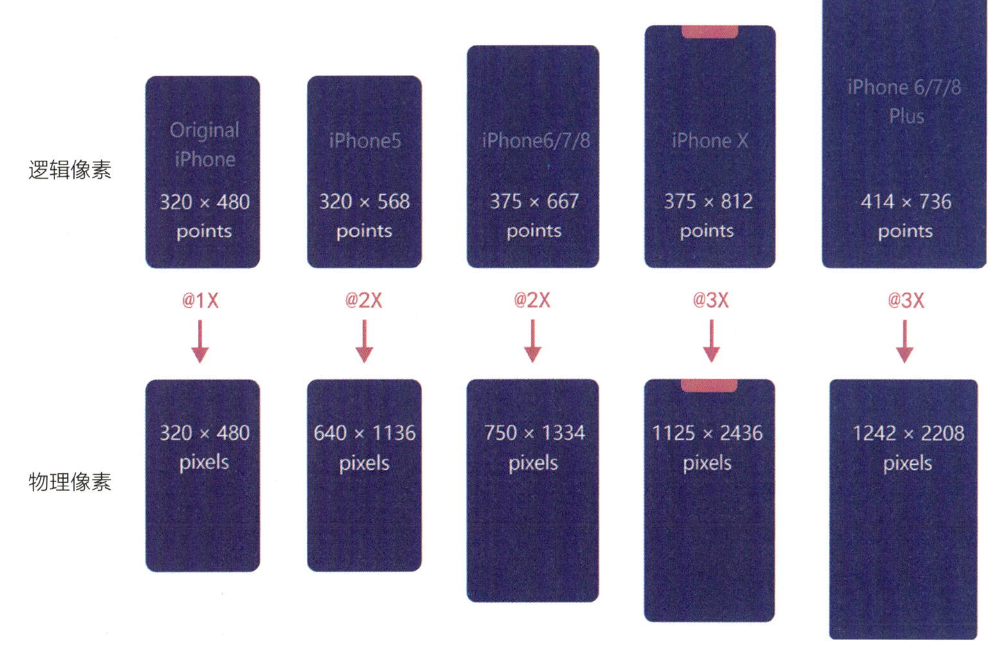

图 2-6 iPhone 各机型的逻辑像素与物理像素的关系

设备名称	开发像素 dp	设计像素 px	倍率
Oppo A59s	360 x 640	720 x 1280	2.0 xhdpi
小米MIX	360 x 680	1080 x 2040	3.0 xxhdpi
Google Pixel	411 x 731	1080 x 1920	2.6 xxhdpi
Nexus 6	411 x 731	1440 x 2560	3.5 xxxhdpi
Samsung Galaxy S8	360 x 740	1440 x 2960	4.0 xxxhdpi
Samsung Galaxy Note 4	480 x 853	1440 x 2560	3.0 xxhdpi
小米5s Plus	360 x 640	1080 x 1920	3.0 xxhdpi
vivo X9 Plus	360 x 640	1080 x 1920	3.0 xxhdpi

图 2-7 一些常用的 Android 手机尺寸

iOS 刘海屏幕多出了上面的刘海区域和底部的退出区域，因此框架结构有些变化。（图 2-9）从上到下包含状态栏、导航栏、内容区域、底部导航 / 标签栏、主屏指示器共 5 个模块，以及左右的留白区域。

状态栏：用来显示时间、蓝牙、电量、信号等状态信息的组件，在导航、录音、通话等状态下都会有对应的图标显示。状态栏在大部分 App 的使用中会恒常显示，一般不做单独设计。

导航栏：也叫标题栏，可以用来展示页面的名称或内容的大标题，以及放置一些返回、扫码、分享等功能按钮。

内容区域：用来展示应用具体设计信息的功能区域，可以进行上下滚动或左右滚动等操作。注意设计师要在内容区域也就是安全区域放置内容，一屏高度为 734pt。

底部导航：也叫标签栏，对应着功能板块的导航入口。一般建议其上设置的按钮不要超过 5 个、不少于 3 个。

主屏指示器：用来返回系统主屏的操作区域，注意该区域不要放置按钮，底部导航要在主屏指示器上方放置，不然会产生交互的影响。

留白区域：页面元素距离屏幕边缘的留白空间。

（2）Android 系统界面标准框架

Android 的设计规范不同于 iOS，Android 是一个开源的系统，国内外有很多的手机厂商，因此也有非常多的 Android 机型，如小米、华为、魅族、三星等，每一家都有自己的操作系统，都有一套自己的 UI 设计规范，但基本的设计框架并无太大变化。在设计时也经常使用 iOS 的设计稿来适配到 Android 端，节省设计成本。（图 2-10）

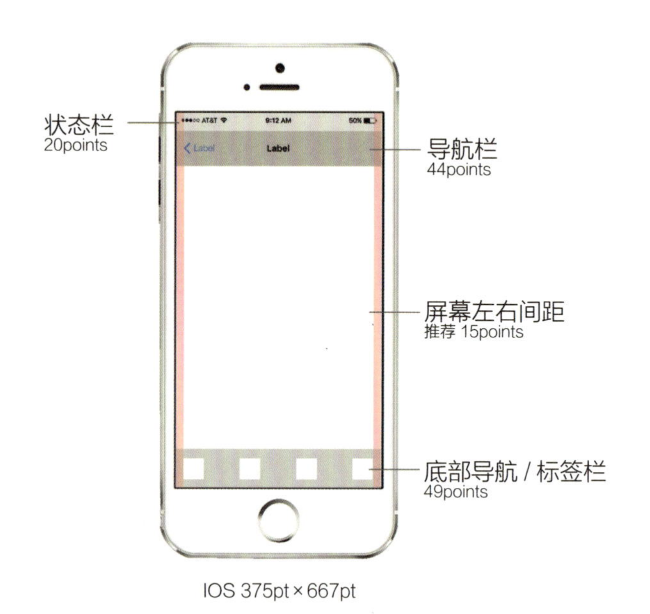

图 2-8 iOS 系统无刘海手机界面标准框架

图 2-9 iOS 系统刘海屏手机界面标准框架

（3）界面设计构成

界面设计的层级关系是：布局层在最下，图文排版层在中间，图标层在最上。（图 2-11）布局层需要解决组件位置、大小、布局方式等，图文排版层则要解决界面色彩搭配、文字大小、图片尺寸、构图等问题，图标层需要解决图标的样式、按钮的交互状态等问题。理解了基本的层级关系，我们在做设计时就能思路清晰：首先需要将页面整体布局，然后做具体的图文编排并设计出图标，最后考虑图标的交互状态和页面的交互细节。

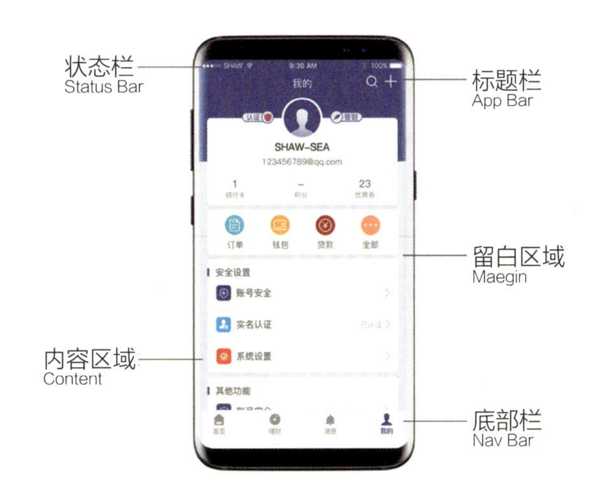

图 2-10 Android 系统界面标准框架

图 2-11 App 界面设计的层级关系

3. 界面设计规范

（1）文字

如果 App 中的字体使用的是系统内置字体，那么设计稿中使用其他字体是毫无意义的，所以我们需要了解系统内置字体都有哪些。

iOS 内置字体：中文字体为苹方，英文字体为 San Francisco。苹方字形纤细中宫饱满，利于阅读，有 6 个不同字重，充分满足了不同场景下的设计需求，6 个字重分别是：Ultralight、Thin、Light、Regular、Medium、Semibold。（图 2-12）英文字体 San Francisco 则更加细化，分出了 SF UI Text 和 SF UI Display 两套，其中 SF UI Text 适用于小于等于 19pt 的文字，SF UI Display 适用于大于等于 20pt 的文字，而且还单独为 Watch OS 对字体进行了调整，命名为 San Francisco Compact。

Android 内置字体：中文字体为思源黑体，英文字体为 Robot。思源黑体是 Google 公司联合 Adobe 公司设计发布的，该字体字形较为平稳，利于阅读，且有个 7 个不同的字重，7 个字重分别为：Extralight、Light、Normal、Regular、Medium、Bold 和 Heavy。（图 2-13）Robot 作为英文基础字体，有 6 个字重：分别为 Thin、Light、Regular、Medium、Bold 和 Black，视觉语言与思源黑体保持一致。

在 UI 设计中，文字的字号设置是有明确范围的。iOS 11 的文字规范中，中文的最小字号是 11pt，英文和数字的最小字号是 9pt，最大的标题字号为 34pt。按照文字的角色分类，常用的字号如下：

标题：34pt、28pt、24pt、20pt、18pt

正文：18pt、16pt、14pt

注释：12pt、11pt

像版式设计一样，文字的排版需要注意层级关系，在 UI 设计中文字层级可按照以 4pt 为单位来划分，例如卡片中的标题文字如果用 20pt，正文可以用 16pt，注释可以用 12pt，字重和字体颜色也可以进行区分，强化层级关系。（图 2-14）

iOS中文字体：苹方

极细 纤细 细体 正常 中黑 中粗

Ultralight Thin Light Regular Medium Semibold

图 2-12 苹方字体

Android中文字体:思源黑体

极细 纤细 普通 正常 中黑 粗黑 粗重

ExtraLight Light Normal Regular Medium Bold Heavy

图 2-13 思源黑体

文字的层级如何区分?
那些被忽略的设计细节
34个问答

文字的层级如何区分?
加上字号变化，正文比标题字号小
注释更小

文字的层级如何区分?
加上字重变化，正文比标题字重轻
注释颜色变化

图 2-14 利用字重及字号强化层级关系

#1c1c1c #333333 #666666 #999999 #f1f1f1

图 2-15 UI 设计中常用的字体颜色

（2）颜色

UI 设计中的用色一般明度都很高，选择鲜艳的颜色会更容易吸引用户的视觉。不同于印刷所用的 CMYK 是减色模式，屏幕的 RGB 混色模式为加色模式，颜色比印刷色更明亮。UI 设计中主要使用 RGB 或 HSB 面板调色，开发时则大多使用 16 进制颜色代码进行颜色记录。分割线和文字的颜色一般用中性色，但不用纯黑色，而是各种层级的灰。一些字体常用的灰色数值如图 2-15 所示。

设计一款 App 时要想色彩和谐，就要注意色彩搭配和色块比例，App 配色基本由背景色、主色、辅色、点缀色 4 种色调组成。

背景色分为浅色基地（白色）、深色基地（黑色）、彩色基地（灰色或渐变色）。（图 2-16）主色是由除了基底背景色外面积最大的色调组成，主色可以是一种颜色，也可以是由几种颜色混合的渐变色。辅色可以使整体色调更丰富，细节层次更强。也可以由呼应主色调内容的图片做辅助。点缀色起到引导阅读、装饰页面、提醒点击等作用。

（3）图标

在移动端 App 设计中，图标可以分为启动图标和功能图标两种。启动图标是各个 App 应用在操作系统上的入口，往往直接传达产品定位与特性，因此设计时可以放入品牌 Logo、企业标准色等。启动图标的规范尺寸为 1024px×1024px，这个参数在 iOS 和 Android 中都适用。iOS 提供的图标栅格是很好的设计工具，通过这个栅格可以规范图形的尺寸及其所处的位置，主要的图形内容不要超过栅格中最大的圆形，不要小于最小的圆形，在中间范围比较合适。（图 2-17）

启动图标在系统中显示为圆角，但我们设计时需要提交正方形图形，在应用商店后台会自动生成为圆角的图标。（图 2-18）

功能图标是指 App 中可以点击的图标，它的设计更加多样，常见的类型有线型、面型、线面结合型、渐变型、卡通型等。（图 2-19）

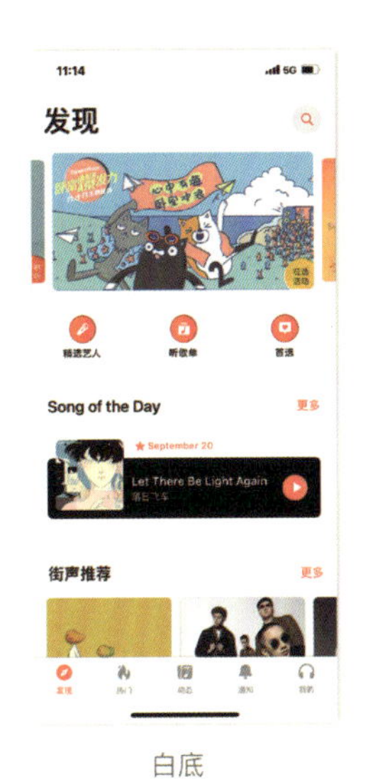

白底

彩底

黑底

图 2-16 App 背景色的三种形式

+

图 2-18 启动图标后台自动生成圆角

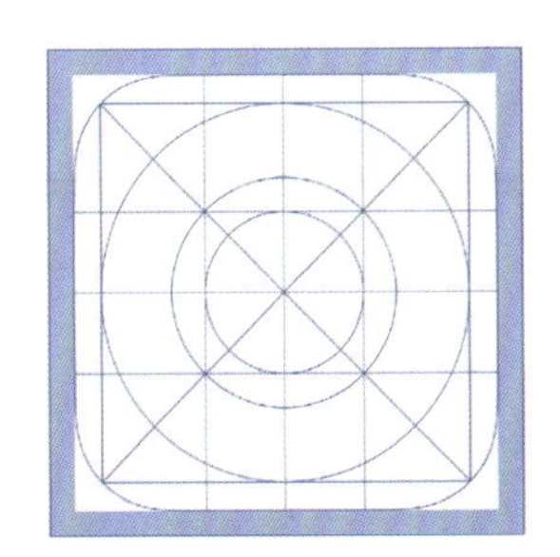

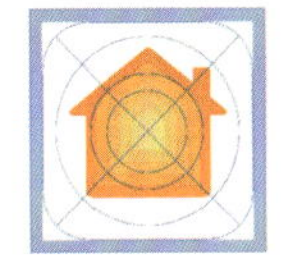

图 2-17 iOS 启动图标栅格

图 2-19 功能图标的多种风格

功能图标的尺寸要根据相应的界面来定，我们建议以 48px^2 为常规设计尺寸。因为 iOS 的网格大小要求是 4 的倍数，最小点击区域是 44pt^2。安卓要求网格是 8 的倍数，最小点击区域为 48dp^2。图标的粗细也有相应的要求，太细有可能看不清，太粗则不够精致，常用的描边粗细在一倍图中有 1.5px、2px、3px、4px。一款 App 的功能图标应该有统一的风格，大小一致。比如线条的粗细、透视、圆角等不要有明显的差别，要保证视觉上的统一。（图 2-20）

图标的大小一致，不能完全运用尺寸数字来衡量，因为图形不同，即使尺寸完全一样，视觉上的感受也会不同。比如我们看见相同面积的方形、菱形，就是会感觉菱形更小，因此在设计时还需根据视觉效果来做最后调整。（图 2-21）

图标网格是为了图形元素的一致性以及灵活的定位而建立的明确规则，以网格的形状为指导，保证功能图标有一致的视觉比例。（图 2-22）

图 2-20 一款 App 的功能图标应风格统一

图 2-21 不同图形的视觉感受不同

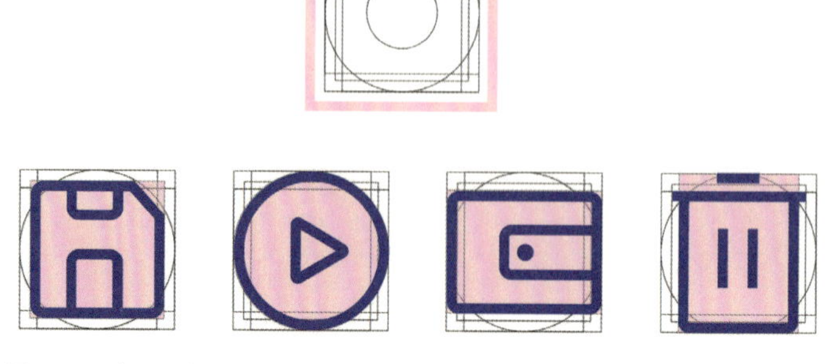

图 2-22 应用图标网格制作功能图标

三、技能要点

1. Adobe XD 的基本操作

（1）界面认识

双击启动图标，进入软件界面。（图 2-23）

开启软件后，可选择设备尺寸，点击后直接新建。（图 2-24）

Adobe XD 的界面和 Adobe Photoshop、Adobe Illustrator 很像，因为都是 Adobe 公司出品的，左侧工具栏，上方菜单栏，右侧是面板，中间是操作区域。区别在于 Adobe XD 将所有与 UI 设计关系不大的功能都省略掉了，操作更简单。

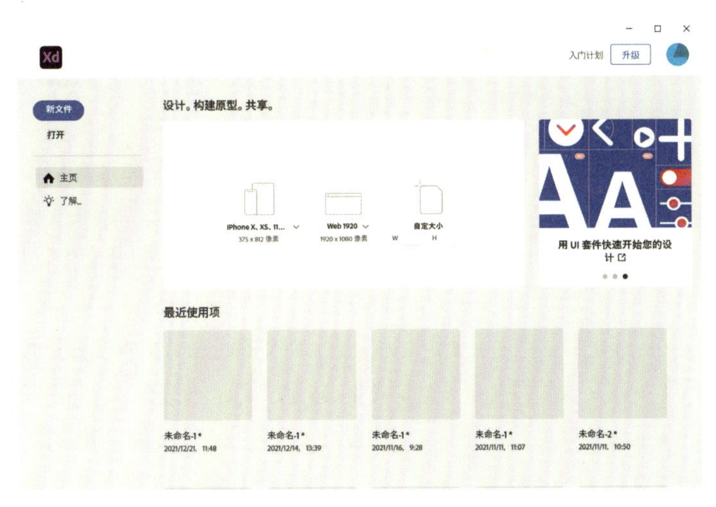

图 2-23 Adobe XD 启动界面

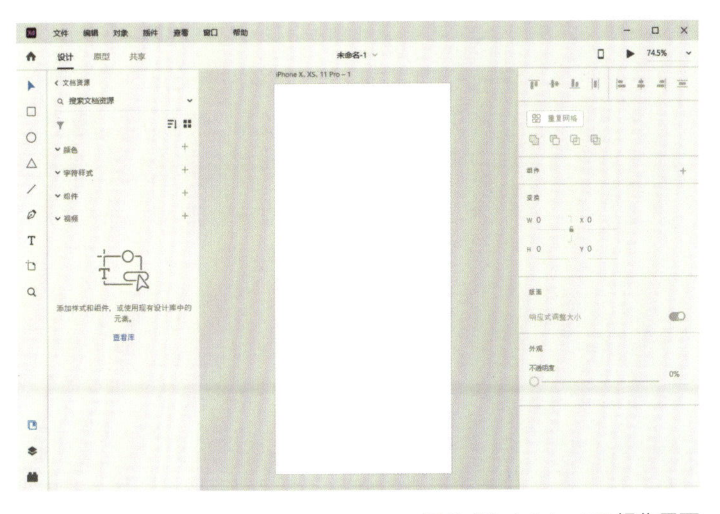

图 2-24 Adobe XD 操作界面

图 2-25 Adobe XD 绘图常用工具

Adobe XD 中主要分为两个操作台：设计和原型。本章节主要讲解设计操作台中的基本功能。

（2）基本操作

A. 绘制图形：Adobe XD 软件绘图基本用这几种工具：选择、矩形、椭圆、多边形、直线、钢笔。（图 2-25）

绘制方法和 Adobe Illustrator 一样，选中工具后，用鼠标左键进行拖拽，即可生成图形。如果想要正方形、正圆形或等腰三角形，在用鼠标左键拖拽的同时按住 Shift 键即可。点击图形，右侧面板可调节大小、位置、外观样式，还可以进行路径运算。（图 2-26）

图形的路径编辑可以使用选择工具双击路径，进行编辑的激活，之后单击路径可以添加锚点，或使用钢笔工具绘制。（图 2-27）

B. 文字编辑：文本工具的快捷键是 T，单击画板即可创建文字输入光标，之后输入文字即可。在右侧面板中可以设置字体、字号、字符间距、行间距、段落间距、对齐、点文本和区域文本，还可以设置下划线、脚标等字符形式。（图 2-28）

C. 画板工具：选中画板工具后单击操作区，即可直接新建画板，在右侧面板可选择画板的设备尺寸、网格、填充色等。（图 2-29）放大或缩小画面可以用放大镜工具，也可以用快捷键：放大的快捷键为“Ctrl++”；缩小的快捷键为“Ctrl+-”。

D. 图层面板：图层在工具栏最下方的第二个按钮，点击图层可以看到画板列表，点击画板中的内容会出现该画板的所有图层，可在图层右侧设置隐藏或锁定以及添加导出标记，供切图时直接使用。（图 2-30）

E. 辅助线：调出辅助线的快捷键是“Ctrl+；”，将鼠标放置在页面边缘即可拖动出辅助线。隐藏辅助线的快捷键也是“Ctrl+；”。

F. 重复网格：重复网格是 Adobe XD 的特色功能之一，它可以快速制作重复的内容。制作方法是，建立一个图形，选中它之后单击右侧面板重复网格，即出现绿色边线，拖动边线即可建立重复的图形。

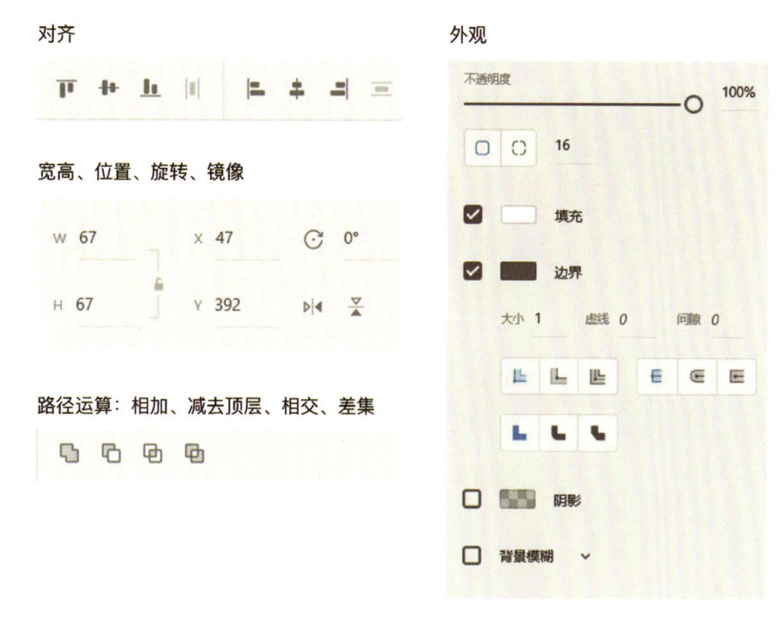

图 2-26 Adobe XD 绘制图形的相关面板

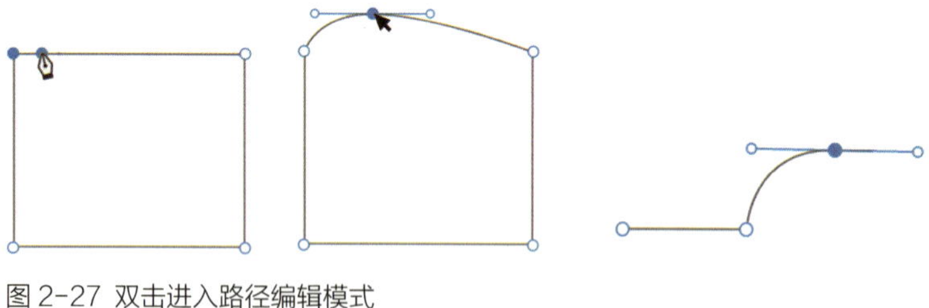

图 2-27 双击进入路径编辑模式

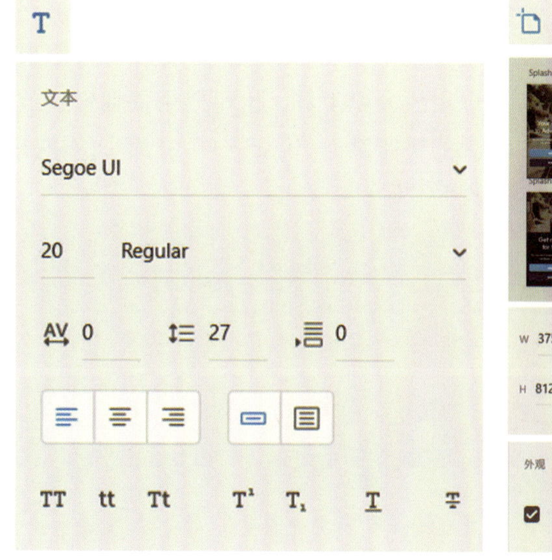

图 2-28 文本面板

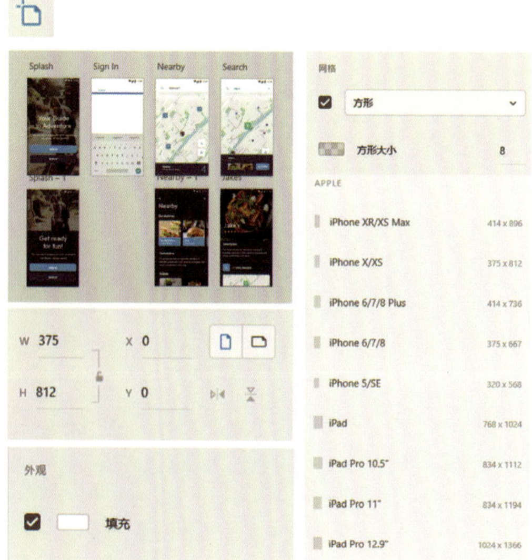

图 2-29 画板面板

2. 用 Adobe XD 制作图标和 UI 界面

（1）线性图标制作实例（图 2-31）

A. 矩形图标

a. 新建一个 Adobe XD 文档，按下快捷键 R 激活“矩形”工具，然后绘制一个 68px×82px 的长方形。

b. 将矩形外观设置为圆角半径 10px，无填充，边界大小为 4px、黑色。（图 2-32）

c. 用直线工具绘制线条，设置线条宽度为 28px，边界大小为 4px，圆头端点，黑色。（图 2-33）

d. 绘制内部矩形，用矩形工具画一个 49px×43px 的矩形，圆角半径为 0，填充色为黑色，调整位置，图标设计完成。（图 2-34）

B. 铃铛图标

a. 首先绘制一个矩形，尺寸为 58px×66px，圆角半径设置为左上、右上为 32px，左下、右下为 0，边界颜色为黑色，大小为 4px。（图 2-35）

b. 绘制矩形，尺寸为 70px×14px，圆角半径为 7px，边界为黑色、大小为 4px。（图 2-36）

c. 将第二个图形放置到与第一个图形重合一部分的位置，全选两个图形，点击右侧图形运算面板中的“添加”图标， 两个图形即变为一个图形。（图 2-37）

d. 绘制一个圆形，直径 20px，边界为黑色、大小为 4px，右键图层置于底层。

e. 复制一个步骤 c 做好的铃铛上部图形，用复制的图形减去底层的圆形，即可得到半圆。

f. 调整图形位置，图标设计完成。（图 2-38）

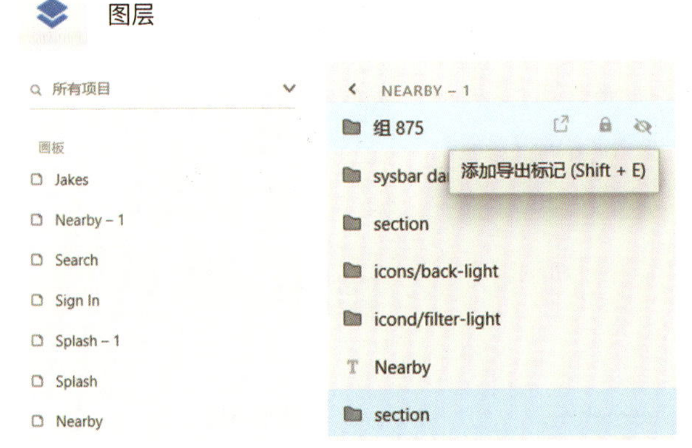

图 2-30 图层面板

码 2-1 线性图标制作实例

图 2-31 线性图标实例

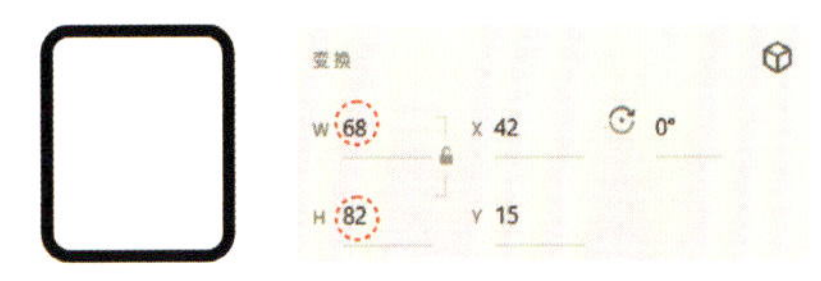

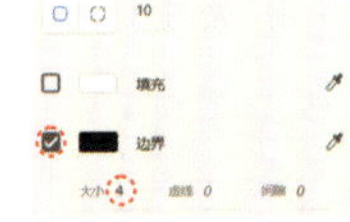

图 2-32 绘制矩形

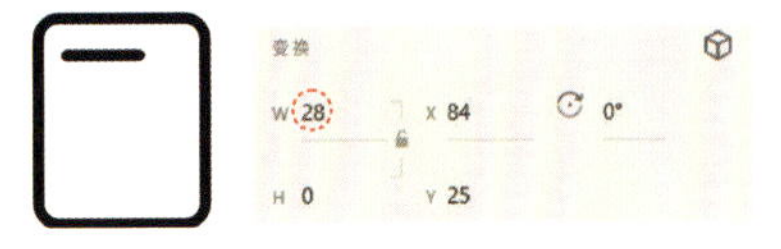

图 2-33 绘制直线

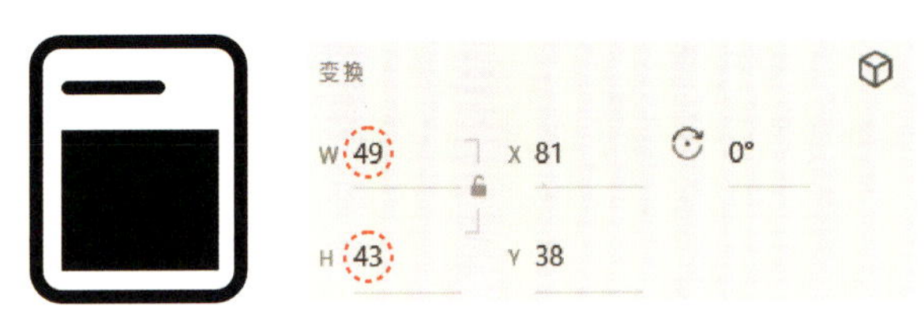

图 2-34 绘制矩形

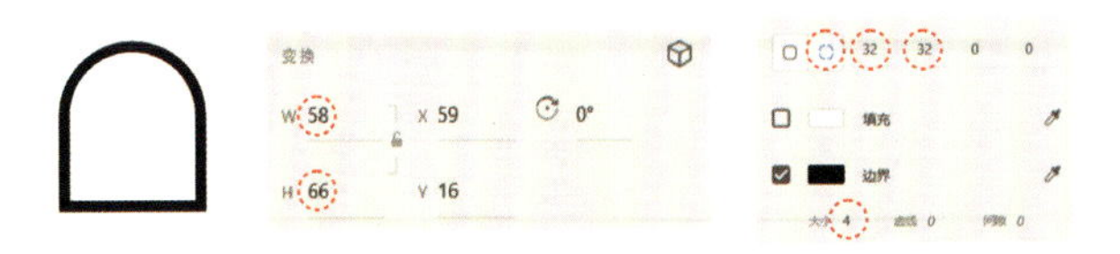

图 2-35 绘制圆角矩形

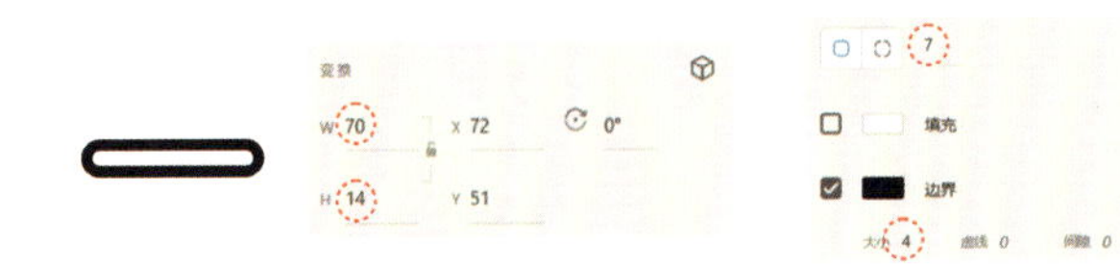

图 2-36 绘制圆角矩形

图 2-37 图形相加运算

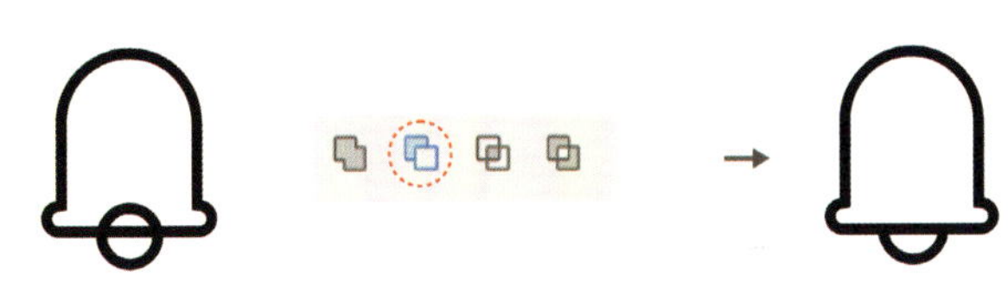

图 2-38 图形相减运算

（2）App Store 的 Today 界面制作实例

本案例我们制作 App Store 的 Today 界面。这个界面是如今比较流行的“大标题”风格的代表之一，在 Adobe XD 中可以快捷地设计类似的界面。在设计之前我们需要将 iOS 设计资源下载到电脑，在苹果开发者的官方网站（Apple Developer）中点击 Design，网页中就会有很多版本的设计资源供人们下载（也可以在本书二维码的附带资源中下载），但要注意这些下载的文件只能在苹果电脑中打开。 案例效果如图 2-39 所示，接下来介绍制作步骤。

A. 在 Adobe XD 中新建一个 iPhone X 的画布，然后打开官方套件文件，将顶部状态栏和底部四个图标的 Tab 菜单栏置入新建文件。

B. 设计底部图标，用其替换下面的星形图标。图标大家可以自己练习制作，在这里不再赘述。之后将图标下面的文字内容更改为 Today、游戏、App、搜索。

C. 用快捷键“Ctrl+；”调出辅助线，用辅助线设置页面左右边距为 15px。

D. 输入文字内容，“Today”字体为 SF Pro Display，字号为 32 点；日期时间字体为苹方，字重为 Regular，字号为 14 点。

E. 绘制人像图标，与“Today”水平对齐，放置在页面右侧。

F. 绘制矩形，尺寸为 345px × 416px，圆角半径为 10px，将图片放置于矩形内部，去掉矩形边界。

G. 输入文字内容“如果神学会了唐诗”，字体为苹方，字重为 Bold，字号为 28 点。输入文字“声音故事”，字体为苹方，字重为 Medium，字号为 14 点，不透明度设为 80%。

H. 绘制下面的矩形框，宽度为 345px，高度 300px 左右即可，填充灰色 #F6F6F6，圆角半径为 10px。

I. 输入文字，设置和上一个栏目一致，如图 2-40。

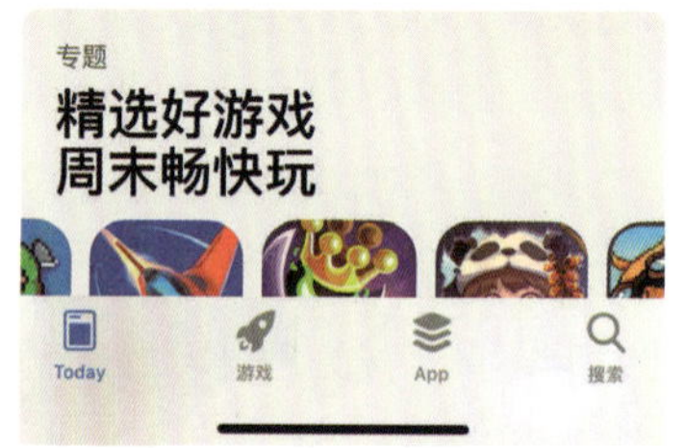

图 2-39 App Store 的 Today 界面

码 2-2 App Store 的 Today 界面制作实例

图 2-40 制作页面的基本内容

J. 制作圆角矩形，长宽均为 82px，圆角半径为 20px，填充白色，无边界。点击右侧面板中的重复网格，重复五个矩形，间距为 10px（图 2-41）。

图 2-41 制作重复网格

K. 选择五个图片置入重复网格，点击右侧面板水平和垂直滚动按钮，将重复网格的宽度调整到和后面的矩形一样宽。（图 2-42）

图 2-42 制作水平滚动栏

L. 最后调整各元素的间距，对图层进行重命名和分组整理，即可完成该界面的设计。

四、项目步骤

1. “小众音乐”App 线框图制作

根据 App 的框架结构图可以看到，“小众音乐”首页内容包括发现、今日推荐、排行榜、音乐社区、音乐日历这几个功能模块。在着手设计之前，我们需要先对页面进行整体布局，不需要考虑设计细节，只是单纯搭建出页面结构，这样的产出我们称为线框图。它可以用任何形式制作，如手绘、纸模、软件都可以。（图 2-43）

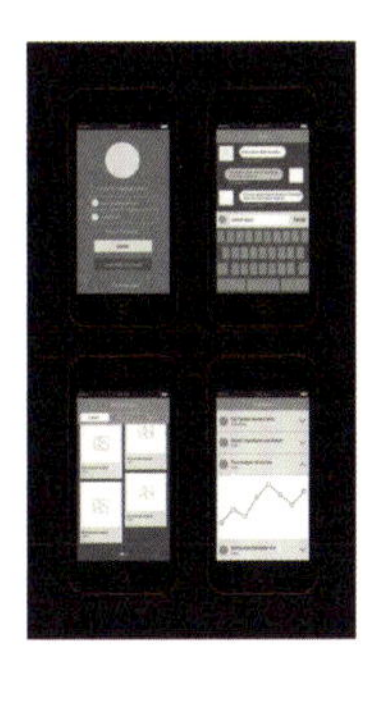

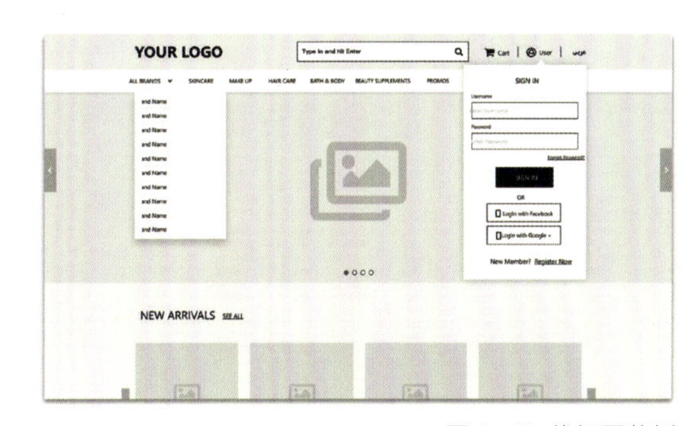

图 2-43 线框图范例

使用 Adobe XD 也可以快速做出线框图，不用考虑图片、颜色等内容，主要文字内容可以放置，但不需要太多。“小众音乐”首页的线框图搭建可以按照自己的想法来，这里提供一个例图（图 2-44），以方便后面原型设计的讲解。一般首页都不会只有一屏高度，而是可以上下滚动的，所以线框图可以做得长一些。

码 2-3 “小众音乐”App 标签栏图标制作实例

2. “小众音乐”App 首页界面设计

（1）“小众音乐”App 配色方案

分析过“小众音乐”App 的特性及目标用户之后，选择深色作为背景色，亮蓝色为主色，强烈的色彩对比会使个性更突出。App 中需要设定背景色、主色、辅色、点缀色（强调色）、文本色等，整体配色方案如图 2-45 所示。

（2）“小众音乐”App 标签栏图标设计

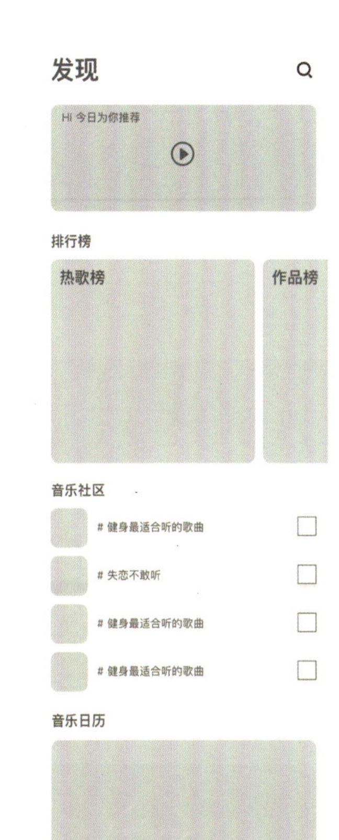

图 2-44 “小众音乐”App 首页线框图示例

本例采用线面结合的方式来设计“小众音乐”App 的标签栏图标，需设计出图标的正常状态和点击状态，使用的软件是 Adobe Illustrator，设计效果如图 2-46 所示，接下来讲解制作步骤。

A. 绘制黑色背景，然后用矩形工具绘制一个正方形，尺寸为 48px × 48px，并填充白色，不透明度设置为 30%，这是我们制作图标的一个范围，可以用它衡量每个图标的大小和分量。接下来我们可以把这个正方形锁定，锁定对象的快捷键为“Ctrl+2”。

B. 绘制首页图标：首先画一个正方形，尺寸为 30px × 30px，圆角半径为 4px，描边大小为 2px，描边色为白色，无填充色；然后画一个三角形，底边长 40px，高度为 20px，圆角半径为 1px，描边大小为 2px，无填充色，描边色为白色；最后选择两个图形做相加的图形运算，得到小房子的图形。

C. 绘制矩形，尺寸为 10px × 15px，描边大小为 2px，描边色为白色，无填充色，左上角和右上角的圆角半径为 5px。然后将矩形放置在合适位置做出小房子的门。

D. 复制小房子的外轮廓，填充辅色 #4EACAE，去掉边界。右键调整将图层顺序后移一层，将图形调整到合适的位置。

E. 绘制小圆点，将其放在合适的位置，填充辅色 #4EACAE。（图 2-47）

F. 制作未点击状态的图标时，设置蓝色的小房子图形以及小圆点的不透明度为 50%。

G. 用同样的方法制作“动态”和“我的”两个图标，记住要利用步骤 A 中的矩形范围，使三个图标的大小在视觉上保持一致。

（3）“小众音乐”App 首页原型图设计

经过对前面的布局图和设计风格的分析，首页设计效果如图 2-48 所示，接下来讲解制作步骤。

辅色

强调色 文本色

#FFFFFF

图 2-45 “小众音乐”App 配色方案示例

码 2-4 “小众音乐”App 首页原型图制作实例

图 2-48 “小众音乐”App 首页设计示例

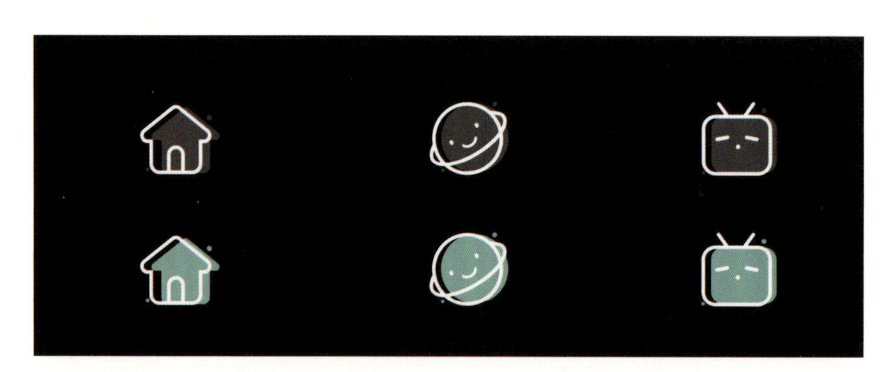

图 2-46 “小众音乐”App 标签栏图标示例

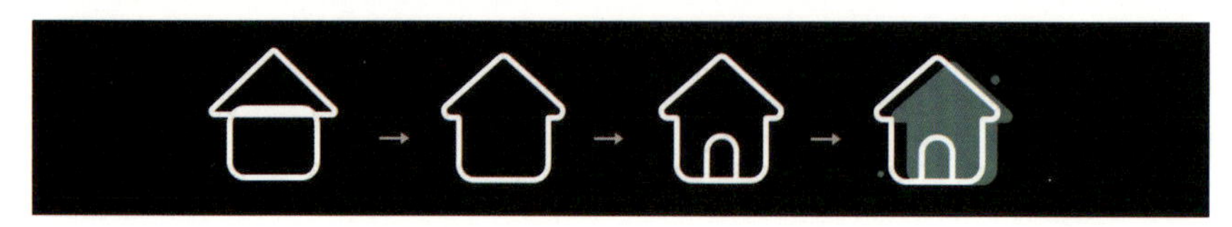

图 2-47 “首页”图标点击状态制作过程

A. 新建 iPhone X 尺寸页面，打开官方控件库，把黑底状态栏和三个图标的标签栏放置进页面。将标签栏图标替换成之前设计的，文字也替换成中文。用辅助线做出左右两边的 15px 间距。

B. 选择文字工具，输入标题栏文字“发现”，字体为苹方，字号为 32 点，字重为 Heavy。

C. 制作搜索图标，图标尺寸为 22px × 22px，将图标放置到标题栏中右侧。

D. 制作“今日推荐”卡片。将制作的背景图放置进来，尺寸为 345px × 136px。在卡片上方放置文字“今日推荐”，字体为苹方，字号为 16 点，字重为 Regular，填充白色，不透明度设置为 60%。制作播放按钮，尺寸为 46px × 30px。

E. 制作“排行榜”卡片。排行榜字体、字号同“今日推荐”，与页面左侧边距左对齐。制作一个矩形，尺寸为 242px × 254px，圆角半径 15px，去掉边界。选中矩形点击重复网格按钮，拖拽网络边框，使矩形横向重复两个，间距为 15px。将背景图片置入矩形，然后输入列表的歌曲名和演唱者名，注意排版的对齐和间距。

F. 制作音乐社区栏目。音乐社区字体、字号同排行榜。下方的列表内容，可以做好一个列表之后用重复网格制作纵向多个。绘制一个矩形，尺寸为 50px × 50px，圆角半径 10px；输入文字内容；制作播放按钮。将第一个列表全选，单击重复网格按钮，向下拖拽边框，完成重复四次的网格，网格间距 10px。之后选择图片放置进矩形，文字根据内容进行替换。（图 2-49）

G. 将底部标签栏放置于顶层，整理页面的图层和命名，完成界面设计。

五、知识拓展

1. UI 设计常用工具网站

（1）色彩类

Fresh Background Gradients：主要做漂亮的渐变色的网站，颜色生成有 .SKETCH 和 .PSD 两种模式。喜欢使用渐变色的强烈推荐来这个网站找一找。（图 2-50）

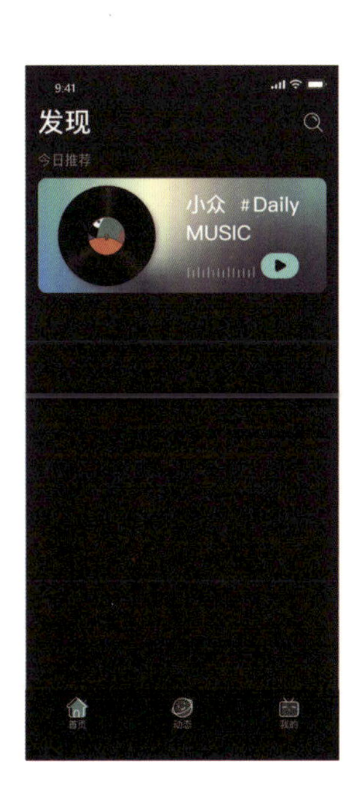

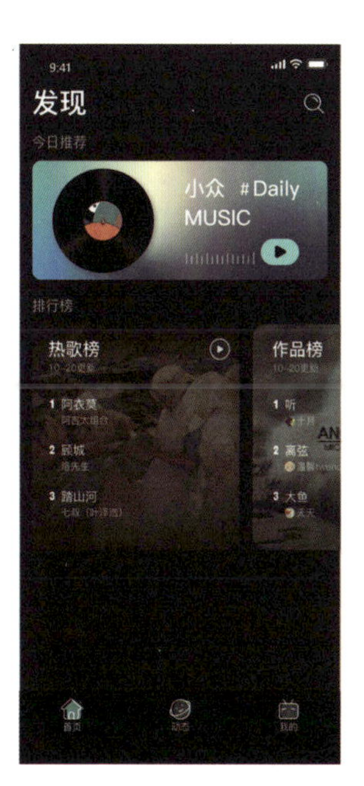

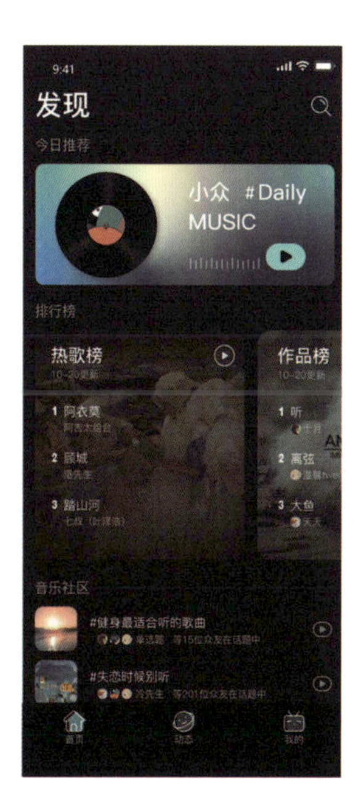

图 2-49 “小众音乐”App 首页设计步骤

Material Design Palette：MD 色盘，选择一款主色、一款辅色，可直接生成对应的页面效果，并给出配色建议，十分直观简易。（图 2-51）

（2）图标类

阿里巴巴矢量图库中包含众多图标素材，可以直接选中所需的图标点击下载按钮可以下载多种格式的素材，如 SVG、AI、PNG 以及 SVG 代码复制，但是也要注意版权的问题，购买之后可以商用。（图 2-52）

IconPark 资源站中含有丰富的图标资源，可以直接下载使用，有 SVG 和 PNG 两种格式。（图 2-53）可以调整图标尺寸以及线条粗细，图标风格可以选择线性、填充、双色、多色几种模式。

（3）资源类

苹果开发者，权威的 iOS 平台各种设备的开发设计资料，我们可以看到实时更新的 iOS 各平台规范和素材。（图 2-54）

奇迹秀网站：因设计·而美丽，网站的设计资源十分全面，均可以免费下载。（图 2-55）

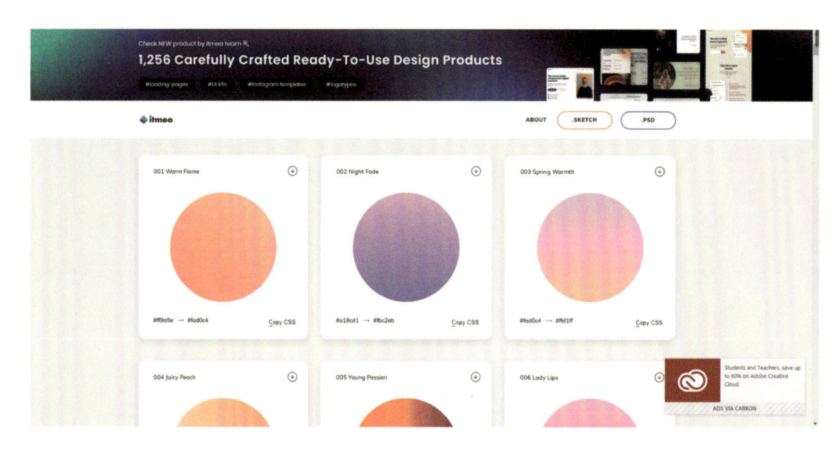

图 2-50 Fresh Background Gradients 网站

图 2-51 MD 色盘网站

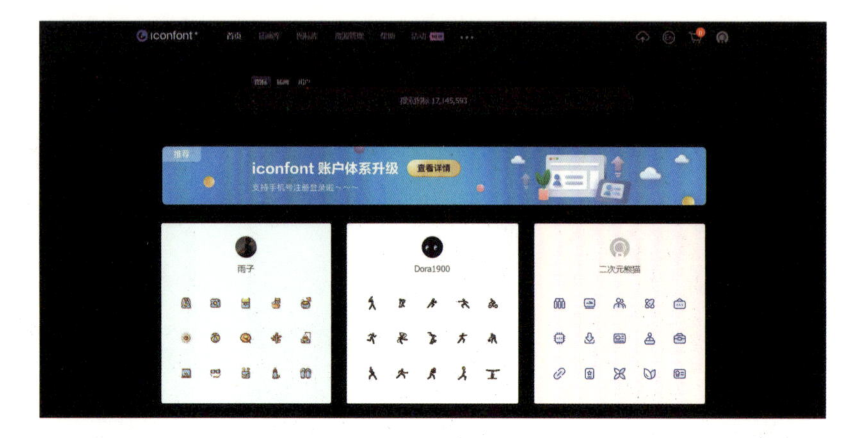

图 2-52 阿里巴巴矢量图库网站

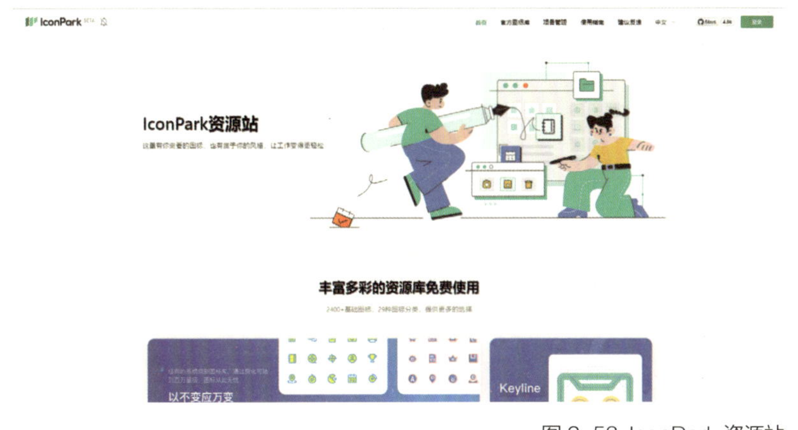

图 2-53 IconPark 资源站

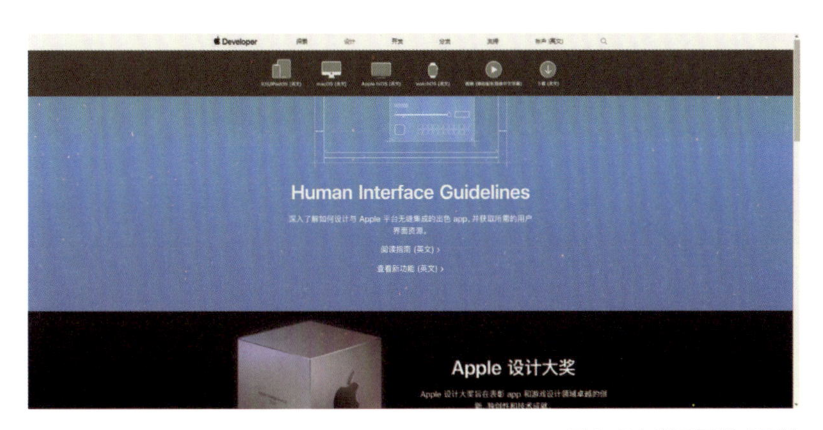

图 2-54 苹果开发者网站

图 2-55 奇迹秀网站

2. 移动 App 界面常见布局

（1）标签式布局

标签式布局也叫作网格式布局，一般承载较为重要的功能。由于标签式的设计较有仪式感，所以视觉上层级较好，一般被用于展示较多的快捷重要入口，且各模块相对独立。标签式布局的优点是各入口展示清晰，方便快速查找；缺点是扩展性较差，标题不宜过长。（图 2-56）

（2）列表式布局

列表式布局是移动端最常见的版式，尤其适用于文字较长的信息组合。列表式布局的优点是信息展示较为直观，节省页面空间，浏览效率高；缺点是单一的列表页容易导致视觉疲劳，需要穿插其他版式让画面有些变化。（图 2-57）

（3）卡片式布局

卡片式布局可以将不同大小、不同媒介的形式内容单元化，以统一的方式混合呈现。当一个页面信息板块过多，或者一个信息组合中信息层级过多时，卡片式布局就很适合。卡片式布局的缺点是对页面控件的消耗非常大，需要上下左右各有间距，一屏呈现的信息量很小。（图 2-58）

图 2-56 标签式布局

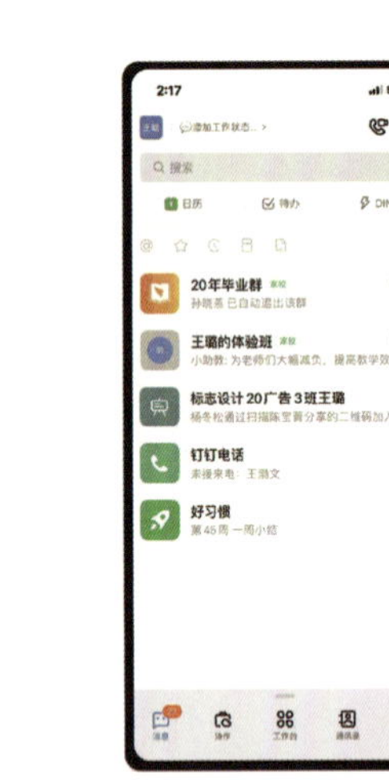

图 2-57 列表式布局

（4）多面板式布局

常见于 PAD 端，但移动端也会用到。多面板布局可以展示很多的信息量，操作效率较高，适合分类和内容都比较多的情况，多用于分类页面或者品牌筛选页面。该布局的优点是减少了页面之间的跳转，并且分类较为明确直观；缺点是同一个界面信息量过多，较为拥挤。（图 2-59）

（5）瀑布流式布局

当一个页面内卡片的大小不一致，产生错落的视觉效果时就是瀑布流布局。瀑布流式布局适用于图片 / 视频等浏览型内容，当用户仅仅通过图片就可以获得自己想获取的信息时，用瀑布流式布局再适合不过了。移动端的瀑布流式布局一般是两列信息并行，可以极大地节省交互效率，营造出丰富的视觉体验。瀑布流式布局的缺点是用户上传的图片不一定美观，可能影响视觉体验。（图 2-60）

（6）手风琴式布局

手风琴式布局常见于二级结构的内容。用户点击分类可展开显示二级内容，点开前，内容是隐藏的。因此它可以承载较多信息，同时保持界面简洁。手风琴式布局的缺点是同时打开多个手风琴菜单，分类标题不易寻找，且容易将页面布局打乱。（图 2-61）

图 2-58 卡片式布局

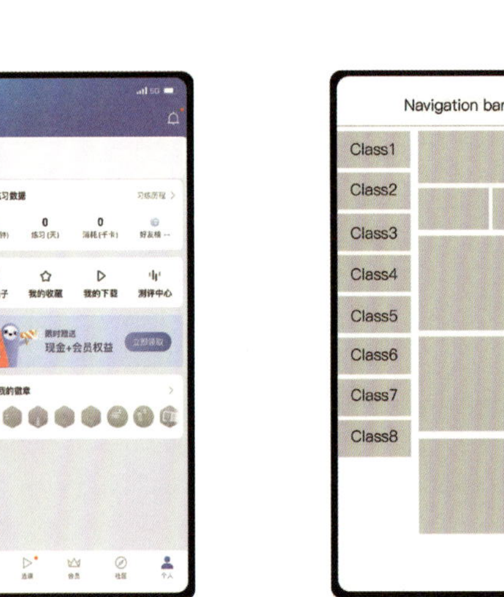

图 2-59 多面板式布局

图 2-60 瀑布流式布局

图 2-61 手风琴式布局

六、思考与练习

练习题一：

根据本项目所学习和掌握的 Adobe XD 绘制图形的方法，设计一套线性图标，要求设计规范、样式美观。

练习题二：

用 Adobe XD 软件临摹手机中的任意一款 App 的首页，以 iPhone X 一倍图尺寸制作，要求界面布局合理，图标、文字、色彩等符合 iOS 系统规范。

练习题三：

根据本项目的项目步骤中介绍的方法，结合“小众音乐”App 框架结构图，设计出“小众音乐”App 的三个一级页面，要求用 Adobe XD 软件，以 iPhone X 一倍图尺寸制作，要求设计符合 iOS 系统规范，配色方案美观合理，图标设计规范，文字层级清晰，版式整洁美观。项目中的案例制作、配色方案等均是参考，需按自己的想法来进行页面的设计。

一、项目说明

1. 产品定位

电子商务作为一个很成熟的大类目，各式各样的 App 应有尽有。目前主流的电商 App 以销售综合类商品为主，如淘宝、京东、苏宁等。有一些 App 是以销售垂直类商品为主，如每日优鲜、盒马鲜生、途虎养车等。还有一些 App 是提供二手交易的服务平台，如闲鱼、小交易、转转等。

本项目虚拟一款二手交易 App，名叫“探宝”，主要进行儿童玩具、服饰、图书等物品的二手交易，主要目标客户为宝妈、女性等。参考上线 App 有闲鱼、微店等。

2. 项目要求

根据“探宝”App 的框架结构图（图 2-62），分析该 App 的主要功能及风格定位，设计启动图标，绘制登录功能的操作流程图和交互流程图，并用 Adobe XD 完成登录界面的交互原型图设计。

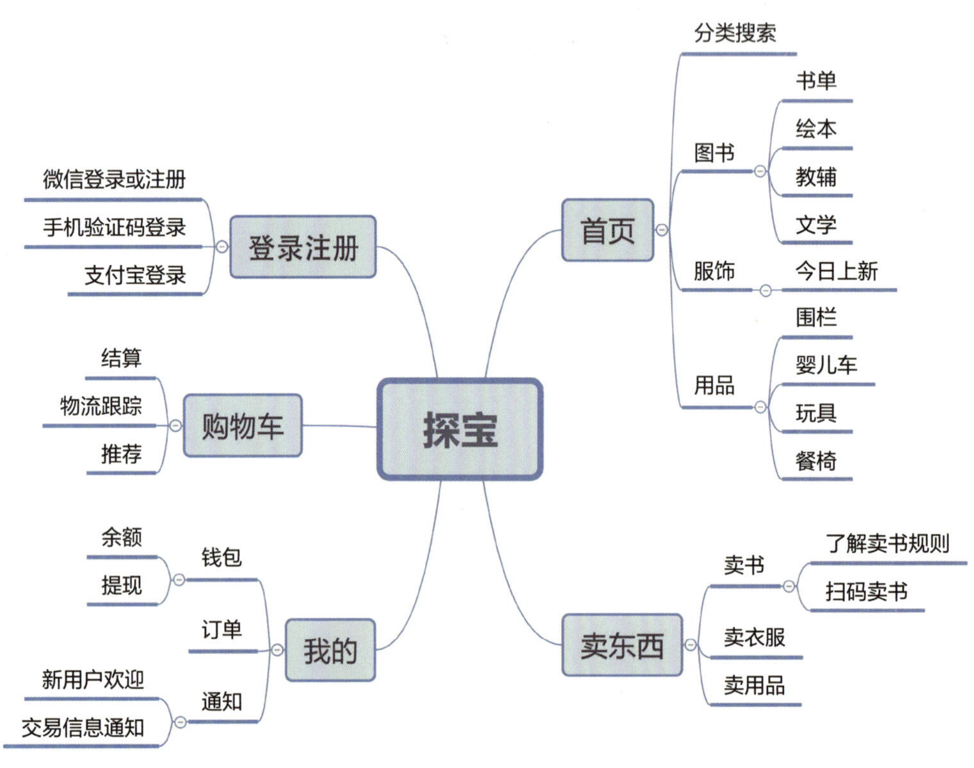

图 2-62 “探宝”App 框架结构图

二、知识要点

1. 什么是交互设计

交互设计顾名思义就是交互的设计，所以我们首先要知道什么是交互。交互即交流互动，在 UI 设计领域，交互就是用户和界面之间的交流互动。例如，当用户需要删除信息时，向左侧滑动信息条，弹出静音或删除选项，点击删除弹出底部提示确认是否删除，点击删除即可成功删除信息，这个过程就是交互。（图 2-63）

在这个过程中，我们看见的信息界面，叫作“交互界面”；我们使用的滑动、点击的操作方式，叫作“交互行为”；整个删除信息所经历的过程，叫作“交互流程”；用户在这个交互流程中的操作感受，叫作 “交互体验” 。

简单来讲，在职位配备齐全的大中型互联网公司，产品经理负责规划产品应该有什么功能，交互设计师负责构思这个功能应该如何操作，界面设计师则负责通过视觉设计让操作过程更容易被理解、界面更美观。理解交互对于界面设计师来说非常有必要，我们观察苹果手机的系统 App 如计算器、闹钟等，界面简洁明了，层级清晰，交互体验顺畅，这些都是在交互逻辑合理的基础上实现的，只有理解了一个功能的交互方式与内容，才能更好地设计界面。

2. 交互设计基本流程

（1）移动端产品交互工作流程

移动 App 产品的交互工作流程一般包括信息构架、业务流程、页面流程、产品原型和说明文档五个大类，需要产品经理、交互设计师和 UI 设计师配合完成（图 2-64）。信息构架就是我们项目一中所介绍过的信息框架结构图，可以明确产品由哪些功能组成，将相关功能内容组织分类，捋顺逻辑关系。业务流程和页面流程两个阶段可以完成产品需求文档和页面跳转逻辑等，确定每个页面的展现主题，每个功能的使用和跳转逻辑。产品原型分为低保真原型和高保真原型。低保真原型图也可以叫线框图，是验证交互思路的粗略展现，不需要精细。高保证原型图则属于视觉稿的呈现，是 UI 设计师的主要工作内容。

图 2-63 删除信息的交互操作

（2）流程图和线框图

本书主要介绍 UI 界面设计，对交互设计的解释主要是从功能出发，学会制作功能的操作流程图对 UI 界面设计很有帮助。操作流程图可以很好地梳理思路，清楚工作流程，方便团队的开发协作。流程图是由一些图框和流程线组成的，其中图框表示各种操作的类型，图框中的文字和符号表示操作的内容，流程线表示操作的先后次序。为便于识别，绘制流程图也有常用的范式（图 2-65）。

用户的操作流程图需要考虑用户如何操作，触发什么功能，每个功能需要几个页面，这些操作会不会有异常状态，该怎么解决等。比如利用图像识别（搜索）的操作流程图范式（图 2-66）。

线框图我们在项目一中已经有所了解，它就像界面的草图一样，是对界面进行整体的布局和安排。从流程图中我们能看到，一个功能的实现需要多个页面的跳转，在做高保真原型图之前，利用线框图来完成操作流程的页面草图，是比较常用的做法。例如图像识别（搜索）的交互线框图的范式，把每一个页面步骤表示出来，有时还有内容标注，更便于团队交流和后续设计。（图 2-67）

图 2-64 移动端产品交互工作流程

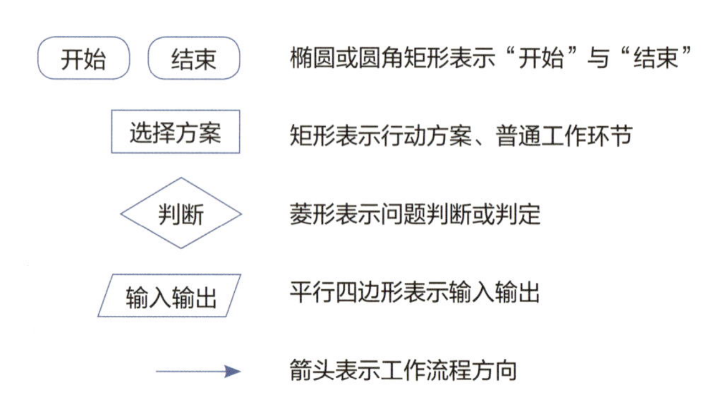

图 2-65 流程图的常用范式

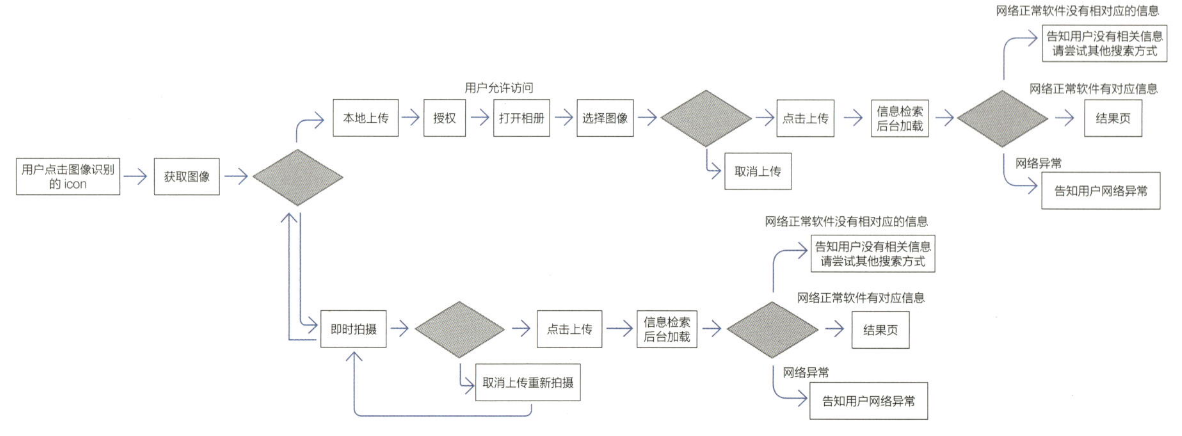

图 2-66 图像识别（搜索）的操作流程图范式

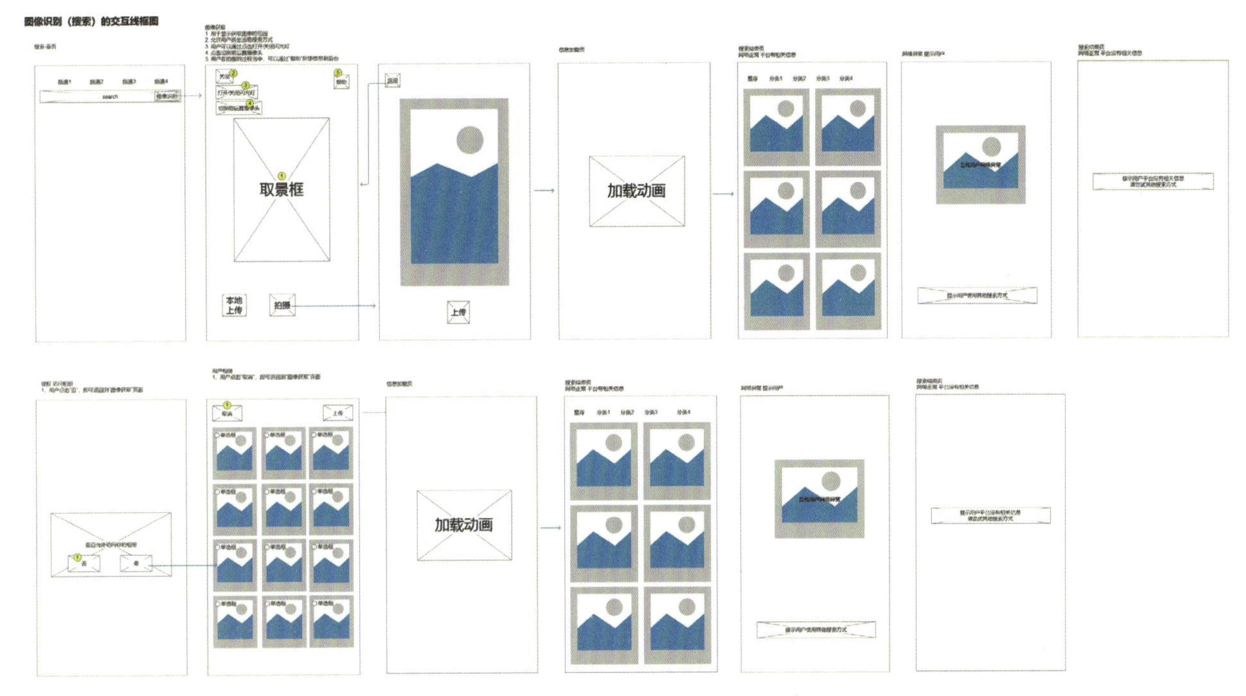

图 2-67 图像识别（搜索）的交互线框图范式

（3）界面交互状态

在移动端 App 的设计中，界面会有很多不同的交互状态，比如用户进行搜索，有可能搜到自己想要的东西，也有可能没有网络，也有可能没有搜索到内容，还有可能同时给出一些推荐内容，这些状态所呈现的界面在设计时都要考虑。常见的界面交互状态大致有以下几类：

等待：比如我们打开一个 App，首先看见的就是欢迎页面，或者加载页面，或者广告页，这就是最明显的一个等待状态。（图 2-68）等待后台加载信息，等待一个操作得到反应，这个过程需要用设计来降低用户的烦躁情绪，不能停滞或空白。

开始：我们使用一款新应用时，看到的引导页面，或者更新应用版本之后有指示箭头告诉我们产品如何使用，这个过程就是开始，用户有选择是否按照你的引导操作的权力。（图 2-69）

输入：输入状态很常用也很好理解，比如发布信息、输入密码等。但是输入状态要尽量简化，例如本机号码的输入或验证码的输入过程应尽量简单快捷。（图 2-70）

空：搜索时没有搜到内容，好友列表里没有好友，在这种时候用户其实会感觉到挫败，所以我们可以选择替补方案，比如好友列表为空时，直接在页面中推荐好友等。（图 3-71）

正确：正确是常见的正常状态，能够引起用户的喜悦，比如优惠券领取成功会出现提醒，短信发送成功会有声音提醒等。（图 2-72）

错误：误操作也是时有发生，这时候不仅要告诉用户这里出错了，还应该提醒或帮助用户修正错误，清晰地告知用户接下来如何正确操作。（图 2-73）

图 2-68 界面交互状态：等待

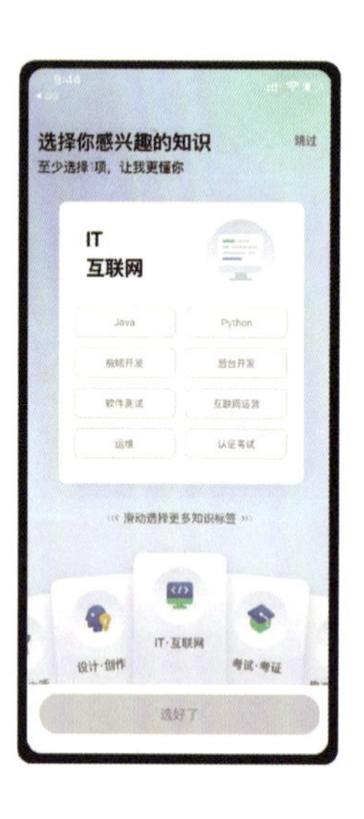

图 2-69 界面交互状态：开始

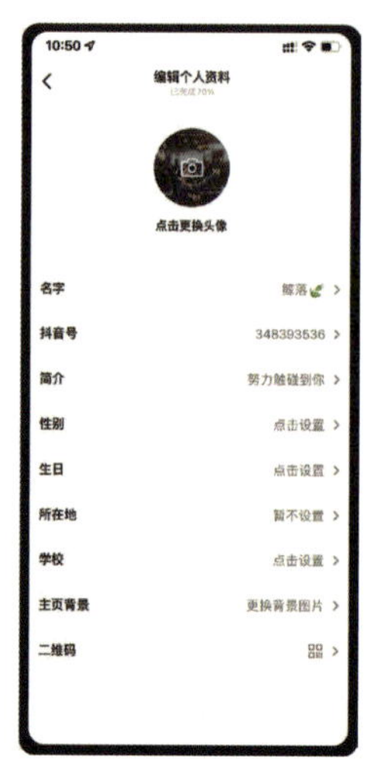

图 2-70 界面交互状态：输入

图 2-71 界面交互状态：空

图 2-72 界面交互状态：正确

图 2-73 界面交互状态：错误

待确认：在出现重要信息的交互过程中，提醒用户进行信息的检查，避免出现失误。例如订机票提交订单之前，会再让用户确定一下班次、价钱等。（图 2-74）

中断：用户因为一些因素中断当前行为时，要给用户一些选择或补救措施。例如微信的朋友圈发布功能，在改版之后就有退出编辑时，是否将此次编辑保留的选择。（图 2-75）

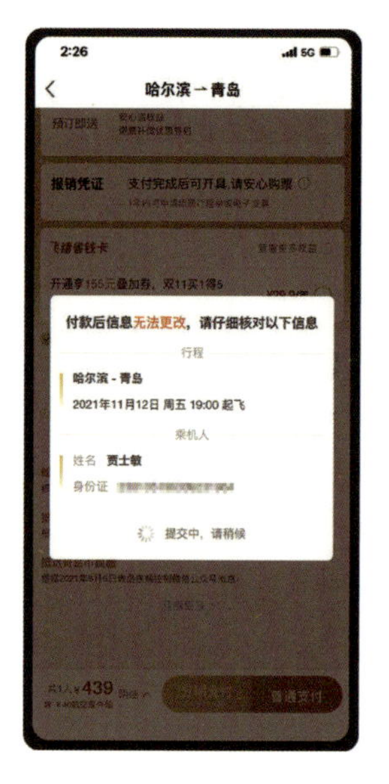

图 2-74 界面交互状态：待确认

图 2-75 界面交互状态：中断

三、技能要点

1. Axure RP 绘制流程图和线框图

Axure RP 是一个专业的快速原型设计工具，能够快速创建应用软件或 Web 网站的线框图、流程图、原型和规格说明文档。作为专业的原型设计工具，它能快速、高效地创建原型，同时支持多人协作设计和版本控制管理。它是交互设计师、UI 设计师常用的线框图绘制软件，功能其实很多也很强大，但是花太多时间学习这个软件意义不大，我们在这里只介绍与绘制流程图和线框图有关的功能和操作。

（1）Axure RP 界面认识

菜单栏和工具栏：执行常用操作，如文件打开、保存文件、对齐、辅助线网格等。（图 2-76）

站点地图面板：对所设计的页面（包括线框图和流程图）进行添加、删除、重命名和组织页面层次等操作。（图 2-77）

部件面板：该面板包含线框图控件和流程图控件，还可以载入已有的部件库（*.rplib 文件）创建自己的部件库。（图 2-78）

线框图工作区：线框图工作区也叫页面工作区，线框图工作区是进行原型设计的主要区域，在该区域中我们可以设计线框图、流程图、自定义部件、模块。（图 2-79）

部件属性和样式面板：该面板提供了部件所需的各种样式属性设置功能，包含边框、内外边距、圆角半径、透明度、字体、着重号、对齐方式等。（图 2-80）

图 2-76 Axure RP 菜单栏和工具栏

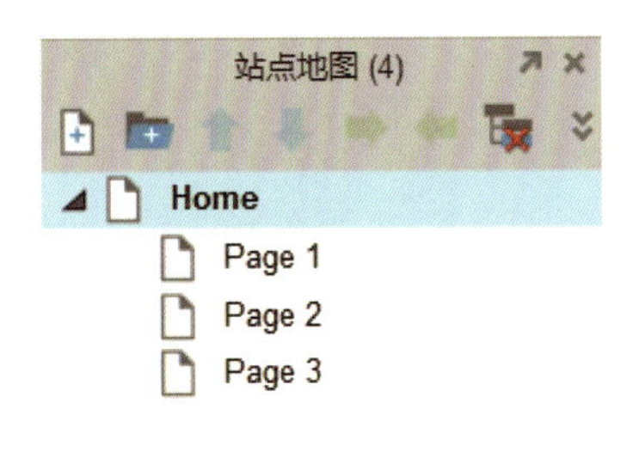

图 2-77 Axure RP 站点地图面板

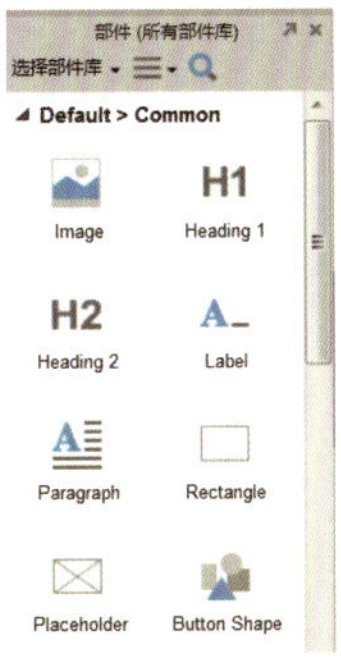

图 2-78 Axure RP 部件面板

图 2-79 Axure RP 线框图工作区

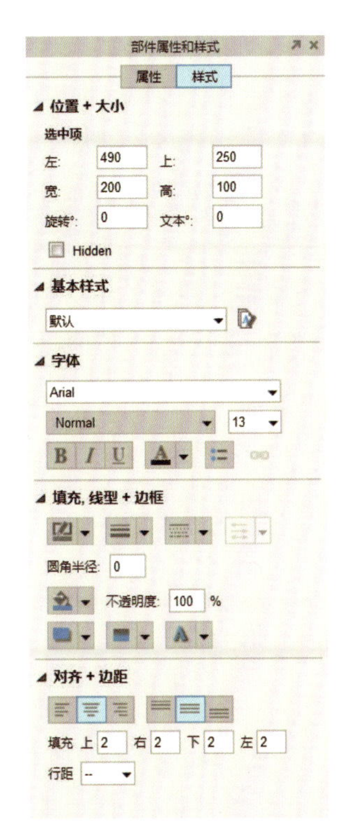

图 2-80 Axure RP 部件属性和样式面板

（2）Axure RP 基本操作

制作部件：从部件库中选择自己想要的部件，然后直接点击鼠标左键将其拖拽到工作区中，即可完成部件的创建。

移动和复制：在工具栏中相交模式的箭头被选中的状态下，我们可以用箭头移动制作的部件。想要复制部件，只需在点击左键拖拽鼠标的同时按住 Ctrl 键，或用快捷键“Ctrl+C”“Ctrl+V”完成复制粘贴。

连线模式：流程图和线框图都经常用到连线，在 Axure RP 中有很方便的连线模式，在工具栏中可以选中，之后拖拽鼠标就可以制作出不同方向、连接不同位置的箭头连线。连线的形式可以在样式面板中更改，比如做出双箭头、更细的线条或不同的颜色等。

页面放大 / 缩小 / 平移：页面的放大可以用快捷键“Ctrl++”，缩小可以用快捷键“Ctrl+-”。页面的平移则是按住空格键，鼠标的光标变为小抓手，此时拖动鼠标进行移动即可。

文字的输入：Axure RP 中没有像 Adobe Photoshop、Adobe Illustrator 一样单独的文字工具，要输入文字需要从部件库中拖出文字类部件，然后再双击文字进行编辑。预设的文字部件有四种形式，分别为：标题样式 1、标题样式 2、单行文本、多行文本。（图 2-81）默认的样式如果不喜欢则可以在样式面板中更改字体、字号、颜色等。

（3）绘制流程图实例

我们以关键字 / 词的模糊匹配（搜索）的用户操作流程图为例，介绍 Axure RP 软件的流程图制作方法。（图 2-82）

H1 Heading 1	Heading 1	标题样式1
H2 Heading 2	Heading 2	标题样式2
A_ Label	Label	单行文本
Paragraph	Lorem ipsum dolor sit amet, consectetur adipiscing elit. Aenean euismod bibendum laoreet. Proin gravida dolor sit amet lacus accumsan et viverra justo	多行文本多行文本多行文本多行文本多行文本多行文本多行文本多行文本多行文本多行文本多行文本多行文本多行文本多行文本多行文本多行文本多

图 2-81 Axure RP 中预设的文字样式

码 2-5 Axure RP 绘制流程图实例

码 2-6 Axure RP 绘制线框图实例

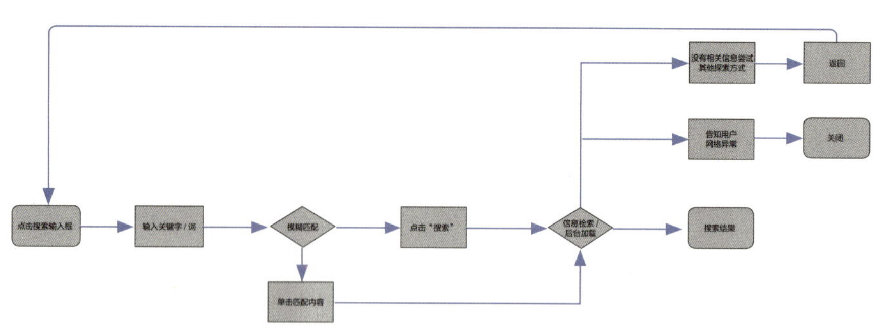

码 2-7 Adobe XD 原型功能

图 2-82 关键字 / 词的模糊匹配（搜索）的用户操作流程图范式

A. 新建页面，从部件库中拖拽 Heading 1 部件进入操作区，输入文字“关键字 / 词的模糊匹配（搜索）的用户操作流程图”。

B. 制作开始流程，选择部件面板中的 Flow 栏目，拖拽圆角矩形进入操作区，直接输入文字“点击搜索输入框”。

C. 用相同的方法制作其他流程部件，输入相应的文字内容。

D. 制作流程连线。选择连线模式，按照流程方向拖拽鼠标，建立连线。

（4）绘制线框图实例

用 RP 软件绘制线框图是很常见的做法，接下来我们制作关键字 / 词的模糊匹配（搜索）的线框图（图 2-83）。

A. 制作标题。从部件库中拖拽 Heading 1 部件进入操作区，输入“关键字 / 词的模糊匹配（搜索）线框图”。

B. 绘制一个页面。拖拽部件库中 Default/Common 栏目中的矩形工具到操作区，在样式面板将矩形设置为 375px × 812px。

C. 绘制搜索框，拖拽矩形部件进入操作区，大小为 300px × 40px，圆角半径为 21px。

D. 制作按钮占位符，在部件库中选择 Placeholder 部件并将其拖拽进操作区，然后调整大小，直接打字“返回”，意思是这里是一个返回按钮。

E. 制作搜索历史和热门搜索栏目，输入大标题之后可以用单行文本进行文字的占位，具体内容可以不输入。第一个页面的线框图就搭建好了。

F. 用同样的方法，搭建其他页面的线框图。

G. 完成页面框架后，用连线工具将流程标示清楚，案例完成。

2. Adobe XD 原型功能

（1）原型操作台介绍

Adobe XD 在菜单栏处有三个可选择的按钮，设计、原型、共享。我们点击进原型操作区，能看到页面左侧是工具栏，右侧是面板，原型中的工具变得更少了，只有移动和放大 / 缩小，主要的操作都集中于右侧的属性面板中。（图 2-84）交互的操作在视频中有实例，建议结合视频学习。

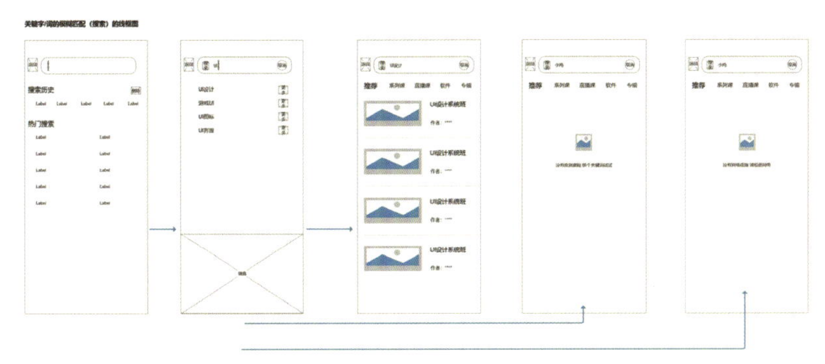

图 2-83 关键字 / 词搜索的线框图范式

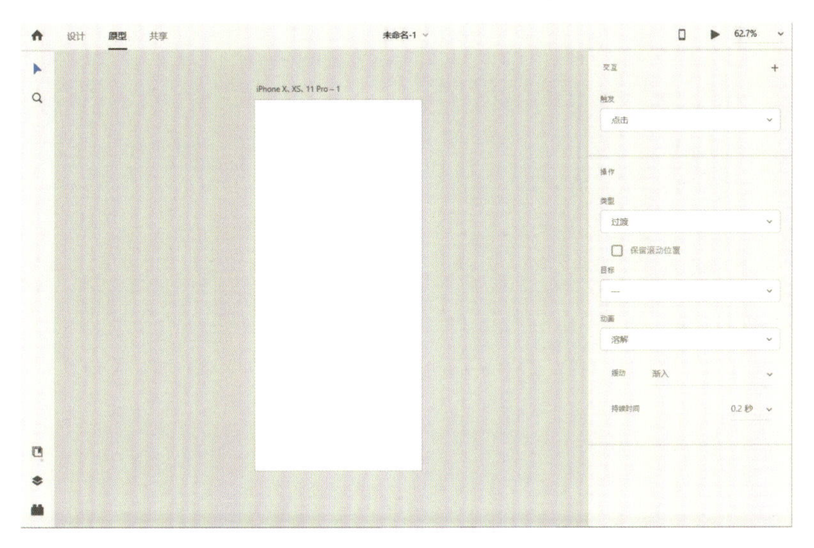

图 2-84 Adobe XD 原型操作台

（2）页面的基本跳转

A. 在原型操作区中，选中页面的元素，出现蓝色箭头按钮。

B. 点击箭头按钮并拖拽，拖拽到想要交互的界面之后松手，建立一个交互连线。

C. 设置交互属性，触发类型有点击、拖移、按键和游戏手柄、语音四种；操作类型有过渡、自动制作动画、叠加、上一个画板、音频播放、语音播放六种；交互动画有溶解、滑动、推出三种；缓动类型有渐出、渐入、渐入渐出、对齐、卷紧、弹跳六种；持续时间指动画效果的持续时间，时间越长动作越慢。

D. 点击软件右上角三角形的预览按钮，可以进行交互的预览。

（3）自动过渡动画交互

A. 自动过渡动画的交互需要元素的命名完全一致，元素样式也一致。制作时可以整体复制页面，方法是选中页面后同时按住 Alt 键和鼠标左键并拖动鼠标，松开按键和鼠标即复制一个页面副本。

B. 改变复制的页面中对象的颜色、位置或样式等属性。

C. 用交互连线连接两个页面中更改的对象，设置交互的触发模式和类型，可以制作出自动过渡的动画效果。

（4）拖动手势过渡交互

需要用到拖动手势过渡交互时，选中内容进行原型连线，属性面板中设置触发为“拖拽”，其他属性根据需要设定。

（5）叠加过渡交互

A. 需要用叠加过渡交互时，在属性面板中，选择类型为“叠加”，交互线条会变为虚线。

B. 设置动画为左滑或右滑即叠加出现的方式。但要注意叠加交互中的叠加内容，页面底色设置为无填充，这样才会是一个透明的内容出现在被叠加页面上。

C. 被叠加页面，会出现一个绿色的定界框，这个就是叠加界面的大致位置，它会在触发之后出现在被叠加页面上方。点击中间的绿色原型按钮就可以更改位置。

四、项目步骤

1.“探宝”App 登录功能的操作流程图及线框图

登录是一款 App 最基本的操作，直接影响到用户的体验。登录功能现在越来越简便，已经不再是需要用户输入大量信息的时代，因此这个功能也不要设计得太复杂，界面尽量轻量化，给用户更好的体验感。

手机号验证码登录的用户操作流程

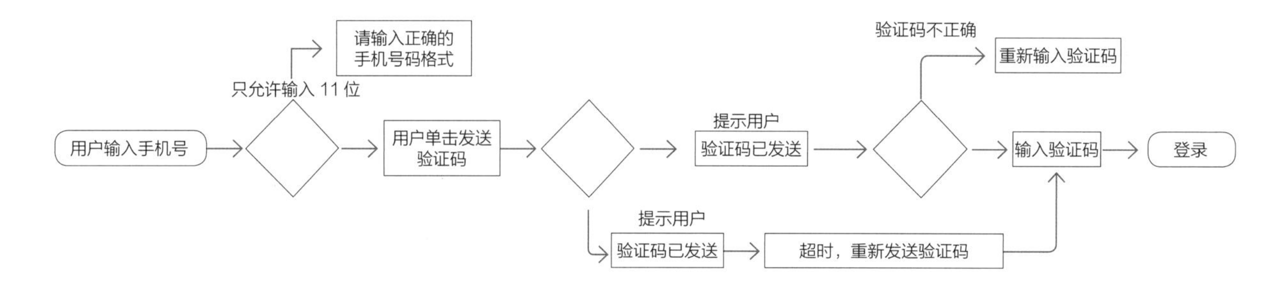

账户密码登录的用户操作流程

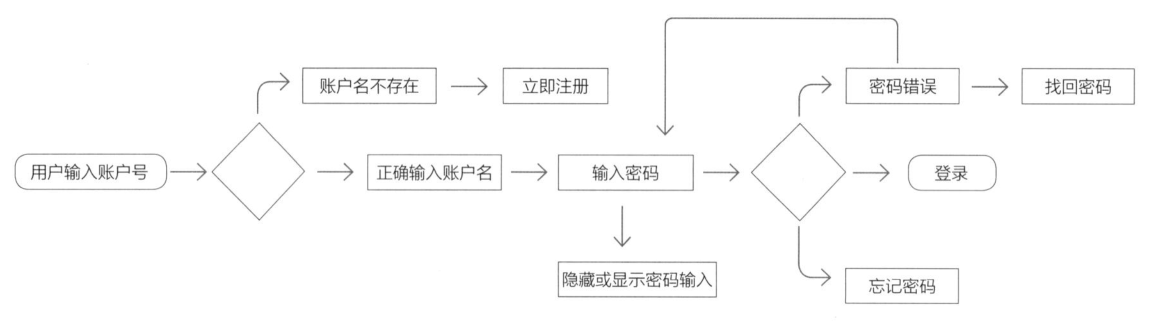

图 2-85 “探宝”App 登录的用户操作流程图

App 后台一般会提供几种登录方式，比如手机号验证码登录、账号密码登录、第三方软件（微信、微博、Apple 账号）登录等。根据功能的需要，我们整理出“探宝”App 手机号验证码登录和账户密码登录的操作流程（图 2-85）。

用户操作流程完成后，界面设计师就可以设计具体的原型图了。设计前需多看不同 App 的登录界面的样式，多做视觉上的积累，最终选择一种流程和样式都适合的方式进行本案例的制作。参考很重要，初学 UI 我们对页面也许有想法，但很多细节没法儿把控，在看成熟的界面时，多分析、多记忆，我们的能力也会有很快的提高。

2. “探宝”App 界面元素分析

（1）“探宝”App 配色方案设置

本项目为设计一款服务宝妈和女性较多的二手交易 App，其界面要给用户营造出干净、温柔的视觉感受，背景色选用白色。

主色的选择可以用粉红、橘色、淡蓝色等。淡粉色或浅蓝色虽然柔和，但缺少辨识度，给人的印象不够深刻。而偏粉的橘色色调清晰，温暖又有力量感，因此该案例将粉橘色作为主色。

确定主色后，接下来可以根据主色确定辅色。由于主色的色彩很暖，因此配了一个偏冷的蓝紫色作为辅色，为了避免界面中颜色过多而使用户视觉疲劳，又搭配了不同程度的灰增加色彩层次。

界面中需要突出显示的部分，直接用主色做强调色即可，因为主色已经足够鲜明。电商类 App 文字介绍内容不多，一般包括标题、介绍文本、强调文本这三种。标题可以选用深灰色，介绍文本采用浅灰色，强调文本采用强调色也就是主色。（图 2-86）

（2）探宝 App 启动图标设计

App 启动图标设计风格：

就像 Logo 设计一样，App 的启动图标可以起到产品定位和宣传的作用，从配色到图形设计都应该符合用户的定位与心理喜好。大部分视觉设计师在工作中都会遇到 Logo 设计，每个设计师都有自己独特的思路和方法。App 的启动图标总结来说，主要有三种风格：文字形式、仿真形式、图形形式。（图 2-87）选择哪种形式都可以，设计师应根据 App 的特性和用户的喜好，来设计适合的启动图标。

“探宝”App 的启动图标可以采用任何形式，本例选用图形形式，创意来源于“礼物盒”，就像探寻宝物一样，在礼物盒中发现惊喜。（图 2-88）在设计之前先搜集大量的礼物盒图形图片，将礼物盒与“探宝”首字母“TB”进行结合，采用面型图标配合渐变背景的搭配使视觉冲击力更强。

当然，我们还可以采用文字形式，对“探宝”两个字或“探”字做字体设计，使字体符合 App 的定位和风格。但要注意文字的设计不要太过于复杂，要在保证识别力和适用性的同时，进行适度的创意。也可以采用仿真形式，制定一个适合的物品或形象，例如天猫的猫、京东的狗、苏宁的狮子等。将仿真的物品或形象作为品牌的 IP 形象，在发挥宣传作用的同时，还能在各种活动或页面中使用，是电商平台很热衷的做法。

3. “探宝”App 登录界面交互原型图设计

（1）登录页的高保真原型设计

根据搭建好的线框图，我们在 Adobe XD 中完成登录页面的设计。设计时需注意配色和图形样式，背景使用柔和的渐变色，按钮采用主色来强调 App 的风格，按钮圆角较大，可以营造亲和的视觉感受。（图 2-89）

A. 新建 iPhone X 大小的页面，提前制作一张背景图，将背景图放置到页面中，将启动图标放置在合适的位置。

B. 用直线工具绘制两条垂直交叉的线条，然后旋转 45°，制作成退出按钮。线条粗细为 2px，长度为 26px。

C. 制作输入手机号码的按钮。绘制矩形，长宽为 212px × 34px，圆角半径为 25px，填充色为 #F2F2F2，无边界。输入文字“请输入手机号码”，字体为苹方，字号为 16 点，字重为 Medium，颜色色值为 #BBBBBB，然后将其放置在页面合适位置。

码 2-8 “探宝”App 登录页面制作实例

背景色 主色

#FFFFFF #F29089

辅色

#7A94C7 #CBCBCB #525252

强调色

#F29089

文本色

#242424 #525252 #F29089

图 2-86 “探宝”App 配色方案示例

文字形式

仿真形式

图形形式

图 2-87 启动图标的多种形式

D. 制作获取验证码按钮。矩形长宽设置与步骤 C 相同，色彩设置为线性渐变，从 #E8948E 到 #EE8C79，方向倾斜 45°，输入文字“获取验证码”，颜色为白色，然后将按钮放置在合适的位置。（图 2-90）

E. 输入文字“同意用户协议与隐私政策”，制作文本按钮，选中“用户协议”“隐私政策”文字，填充主色 #F29089。

F. 绘制一个小方形，放置在“同意用户协议与隐私政策”文字之前，方形边界为 2px，颜色为主色 #F29089。

G. 输入文字“账户密码登录”，字体设置为苹方，字号为 14 点，字重为 Medium，然后将其放置在合适位置。（图 2-91）

H. 制作其他登录方式的文字和直线，放置微信、QQ、苹果图标。案例完成。

（2）“探宝”App 手机号验证码登录交互原型图

登录页面的高保真原型图做好之后，我们要制作登录流程的交互原型图（图 2-92）。思路是首先将所需要的交互页面设计出来，之后进行原型操作区的连线，最后预览效果。设计时要注意按钮的状态，可点击状态下的按钮一般颜色较鲜艳，不能点击状态下的按钮一般呈浅色或灰色。

A. 将刚才制作的登录页原型图页面命名为“登录”，单击登录页面的页面名称，按住 Alt 键和鼠标左键并拖拽鼠标，复制一个页面“登录 -1”。

B. 在“登录 -1”中的输入手机号按钮里将文字删掉，输入数字，之后制作一个圆角矩形，尺寸为 256px × 13px，圆角半径为 7px，无边界，填充白色，设置投影面板数值为 X：0、Y：0、B：10。将有投影的小圆角矩形放置于手机号按钮下方，制作出投影效果。

图 2-88 “探宝”App 启动图标示例

图 2-89 “探宝”App 登录页设计示例

图 2-90 “探宝”App 登录页制作过程（1）

码 2-9 “探宝”App 手机号验证码登录交互原型图制作实例

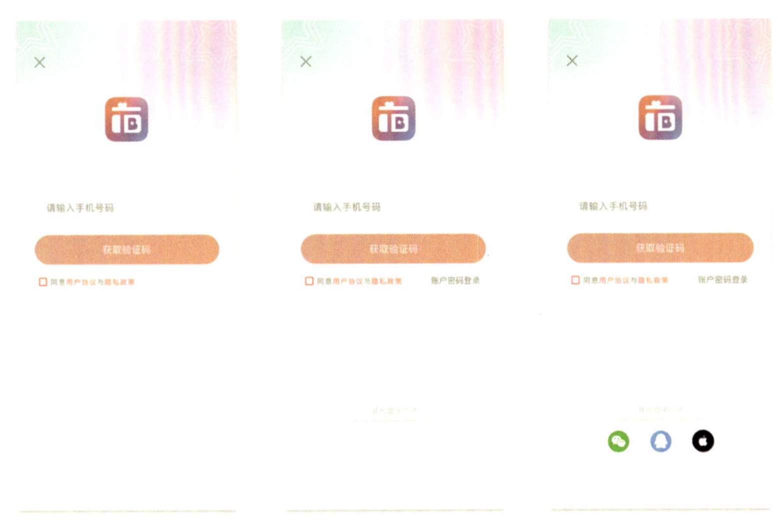

图 2-91 “探宝” App 登录页制作过程（2）

C. 复制“登录 -1”页面得到“登录 -2”页面。在“登录 -2”页面中将“获取验证码”按钮变为可点击状态，设置线性渐变的颜色色值，使按钮颜色更鲜艳。（图 2-93）

D. 复制“登录 -2”页面得到“登录 -3”页面，将“请输入验证码按钮”改为输入状态的颜色，并在其下方制作投影。

E. 制作“重新发送（60s）”按钮。做一个矩形，尺寸为 86px × 50px，圆角半径为 25px，颜色为线性渐变，在按钮上方输入文字“重新发送（60s）”。将按钮放置在长按钮右侧。

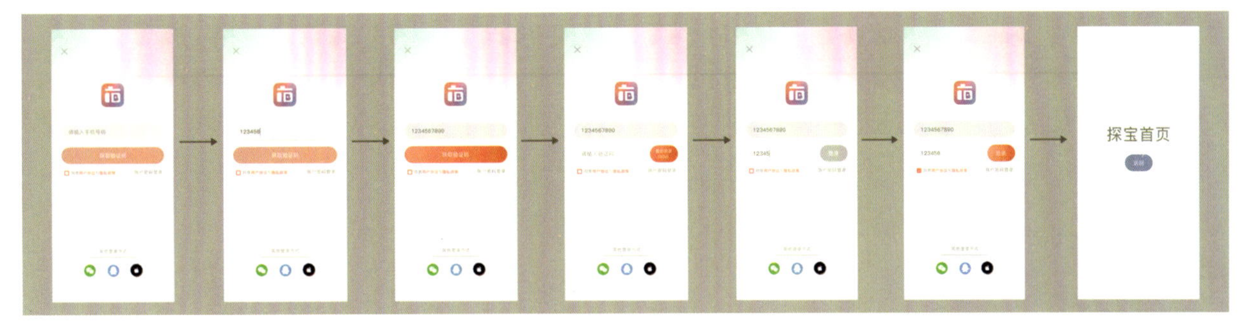

图 2-92 “探宝” App 登录交互原型图示例

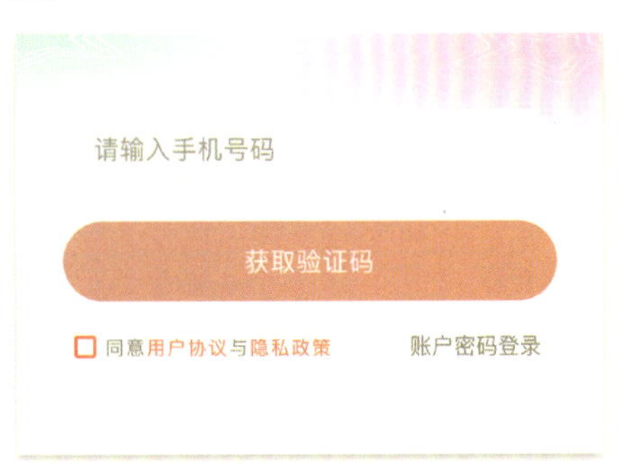

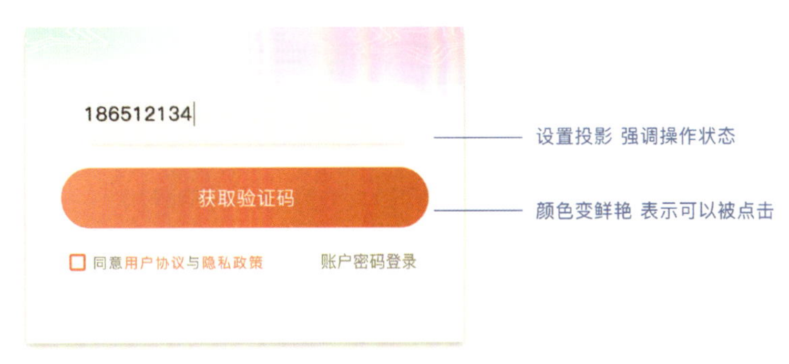

图 2-93 “探宝” App 登录页交互制作（1）

登录-3
186512134567
请输入验证码
重新发送 (60s)
设置投影
同意用户协议与隐私政策
账户密码登录
登录-4
186512134567
12345
登录
同意用户协议与隐私政策
账户密码登录
登录-5
186512134567
12345
登录
同意用户协议与隐私政策
账户密码登录
勾选之后按钮样式变化

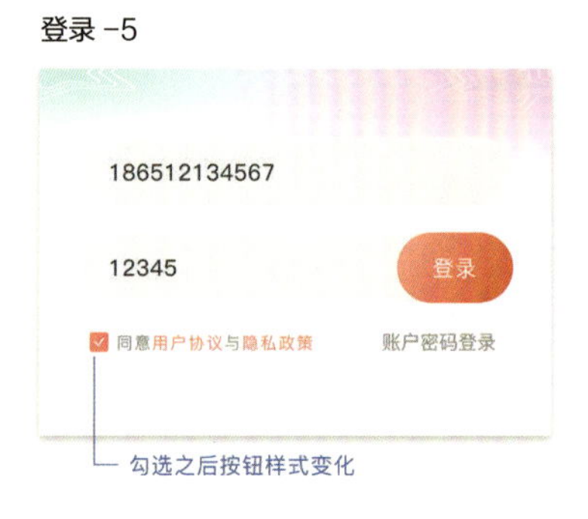

图 2-94 “探宝”App 登录页交互制作（2）

F. 复制出两个页面“登录-4”“登录-5”，在“登录-4”页面中将“重新发送（60s）”按钮改为灰色，输入“登录”。在“登录-5”页面中调整小方块为选中状态的按钮，将登录按钮改为可点击状态。（图 2-94）

G. 进入原型操作区，按照操作流程进行交互连线。点击预览按钮预览效果，案例完成。

五、知识拓展

1. 按钮类型与状态

在交互设计中，主要的交互控件就是按钮，按钮一般可以分为五个大的类型：主要按钮（Primary Button）、默认按钮（Default Button）、虚线按钮（Deshed Button）、文本按钮（Text Button）、链接按钮（Link Button），分别具有不同的应用场景和使用状态。（图 2-95）

PC 端的交互设计主要用鼠标进行操作，设计按钮时可以考虑鼠标在按钮上的悬停状态、被选中时的聚焦状态、加载状态等，使按钮的交互效果更加丰富。（图 2-96）

移动端的交互主要是用手指对页面进行操作，因此按钮几乎没有悬停、聚焦等状态，常见的是正常状态和禁用状态。（图 2-97）

2. 移动端交互手势

我们除了理解界面交互类型、按钮交互状态以外，还应该了解移动端的交互手势都有哪些，为我们做界面设计提供更多的可能。（图 2-98）

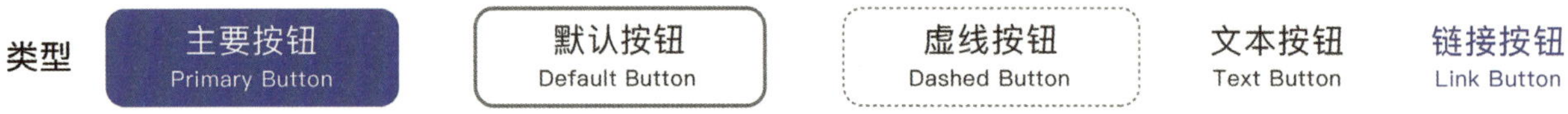

类型
主要按钮
Primary Button
默认按钮
Default Button
虚线按钮
Dashed Button
文本按钮
Text Button
链接按钮
Link Button

图 2-95 交互设计中的按钮类型

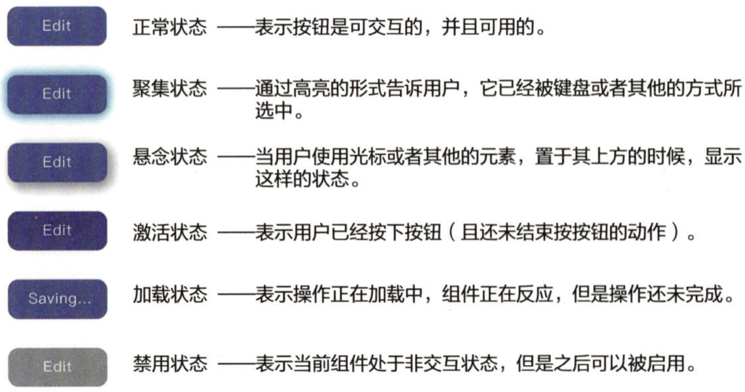

Edit
正常状态 ——表示按钮是可交互的，并且可用的。
Edit
聚集状态 ——通过高亮的形式告诉用户，它已经被键盘或者其他的方式所选中。
Edit
悬念状态 ——当用户使用光标或者其他的元素，置于其上方的时候，显示这样的状态。
Edit
激活状态 ——表示用户已经按下按钮（且还未结束按按钮的动作）。
Saving...
加载状态 ——表示操作正在加载中，组件正在反应，但是操作还未完成。
Edit
禁用状态 ——表示当前组件处于非交互状态，但是之后可以被启用。

图 2-96 PC 端按钮交互效果

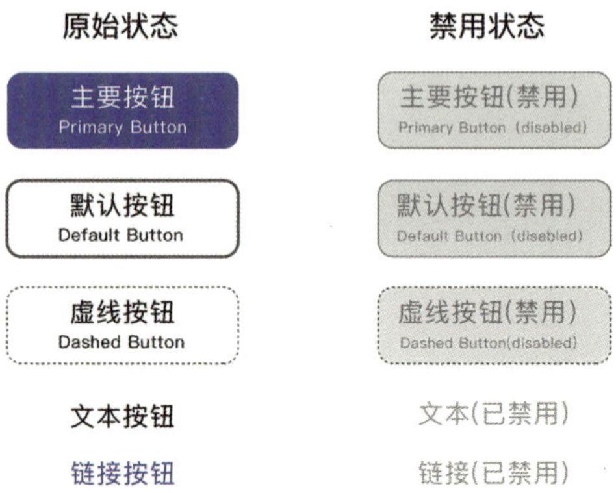

原始状态
禁用状态
主要按钮
Primary Button
主要按钮(禁用)
Primary Button (disabled)
默认按钮
Default Button
默认按钮(禁用)
Default Button (disabled)
虚线按钮
Dashed Button
虚线按钮(禁用)
Dashed Button(disabled)
文本按钮
文本(已禁用)
链接按钮
链接(已禁用)

图 2-97 移动端按钮交互效果

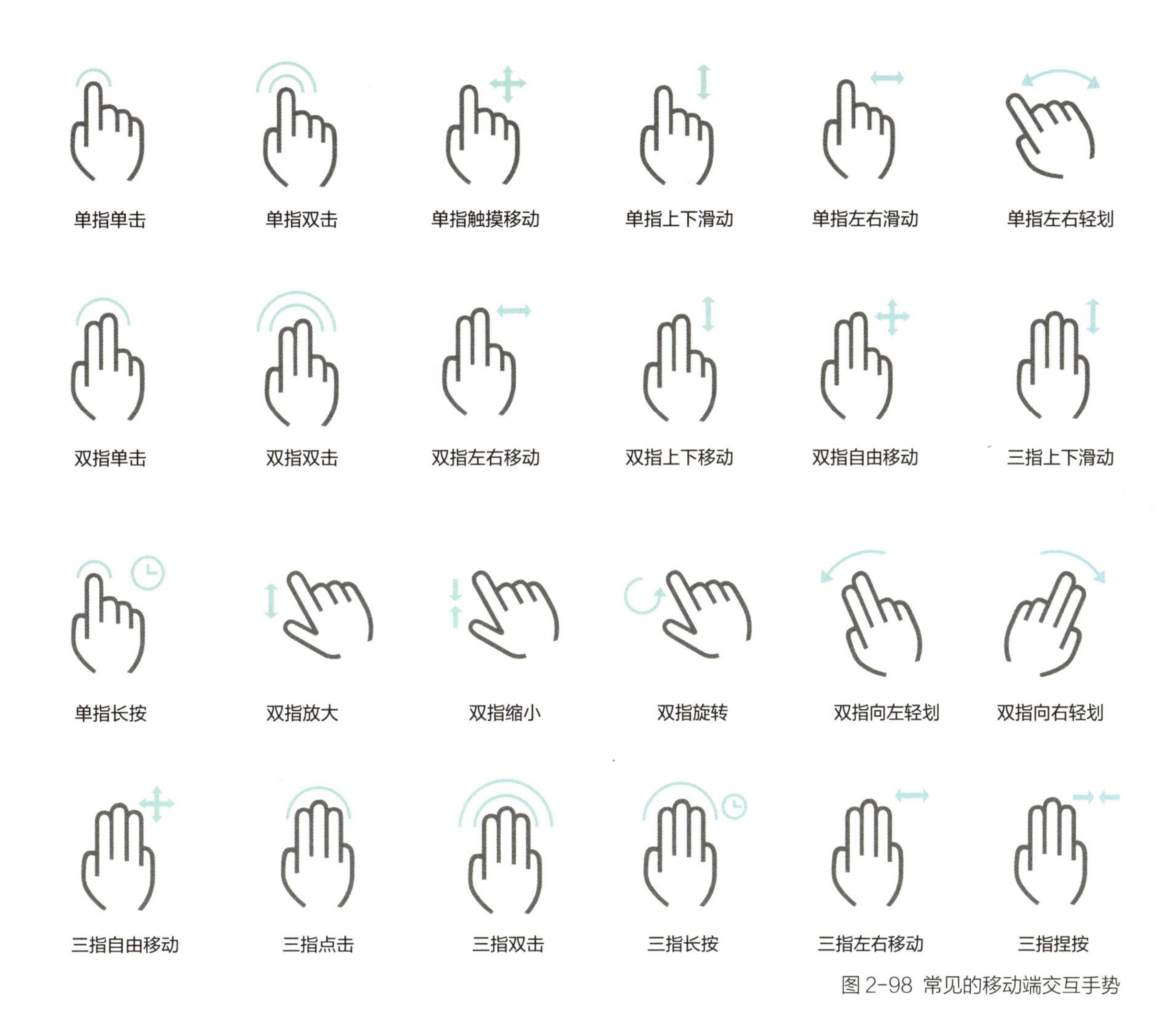

图 2-98 常见的移动端交互手势

六、思考与练习

练习题一：

本项目讲解了操作流程图和线框图的制作，运用所学内容，完成电商类 App 中关键字 / 词搜索、图片搜索、语音搜索这三种搜索方式的操作流程图和线框图制作。使用软件推荐 Axure RP，线框图大小为 iPhone X 一倍图尺寸：375px×812px。

练习题二：

自定一款虚拟的电商类 App，考虑好受众对象、主要特色以及 App 名称，创造这个 App 的启动图标，尺寸为 1024px×1024px，设计风格自定。也可以沿用“探宝”App 这一定位，创造一个启动图标，要求美观实用且符合规范。

练习题三：

根据练习题一完成的流程图和线框图，结合本项目所讲的 Adobe XD 原型制作方法，完成电商类 App 的搜索功能的交互原型图设计。尺寸以 iPhone X 尺寸为基准，要求界面设计美观，流程顺畅合理。

一、项目说明

1. 产品定位

社交类 App 经过多年的发展，从一开始简单的日常交流沟通拓展到了休闲娱乐、资讯获取、结交好友和工作学习等方面，多元化的社交是其近几年的发展趋势，比如游戏类社交、视频类社交、宠物类社交等。

本项目虚拟一款移动端社交产品，命名为“萌伴”。主要目标用户是养宠物的人群，或者喜欢宠物的人群。主要功能有分享自己宠物的图片、视频，约好友一起遛狗遛猫，与好友聊天，看社交动态，在线问答医生，提供科普文章帮助主人更好地养宠物。参考上线 App 有：简宠、铲屎官的日常、宠物王国、小红书等。

2. 信息框架结构图

根据“萌伴”App 的功能和定位，并对同类型产品进行分析，整理出“萌伴”App 的信息框架结构图。（图 2-99）

3. 项目要求

本项目要求完成“萌伴”App 的启动图标设计、功能图标组设计、五个一级界面的布局和高保真原型图设计。

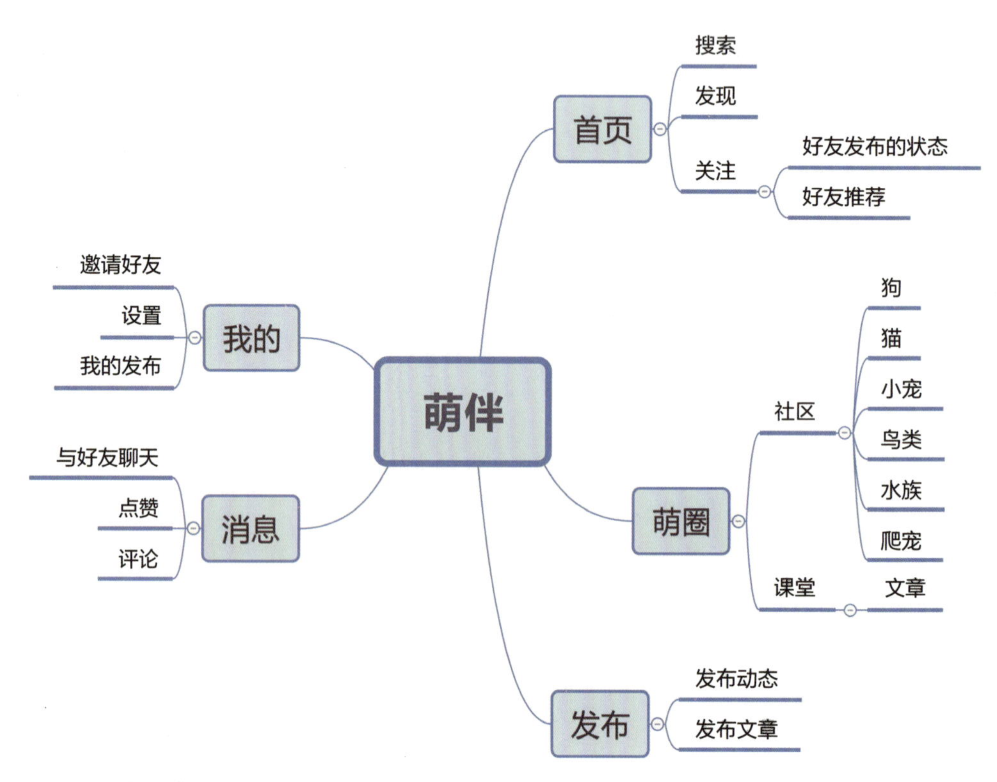

图 2-99 “萌伴”App 的信息框架结构图

二、知识要点

1. 界面常用控件类型

在上一章的交互设计介绍中，我们知道控件是 UI 界面设计中最基本的组成要素之一，它是区别 UI 设计与传统视觉传达设计思维的最主要特征。在开始学习控件之前，同学们一定要对控件有哪些类型、包括哪些状态和对应的变化有足够的了解，才能建立起 UI 设计师的思维逻辑。图 2-100 至图 2-114 所示的是一些常用的控件类型。

随着 UI 设计的不断创新和发展，控件的表现形态也越发变化多样，就算再细致的整理也不可能涵盖全部，在此列出的控件都是比较常见的。iOS 和 Android 系统官网都提供了控件库，我们可以通过官网下载相关的参考资料，帮助我们更快地熟悉各种控件并了解各种控件的官网命名。

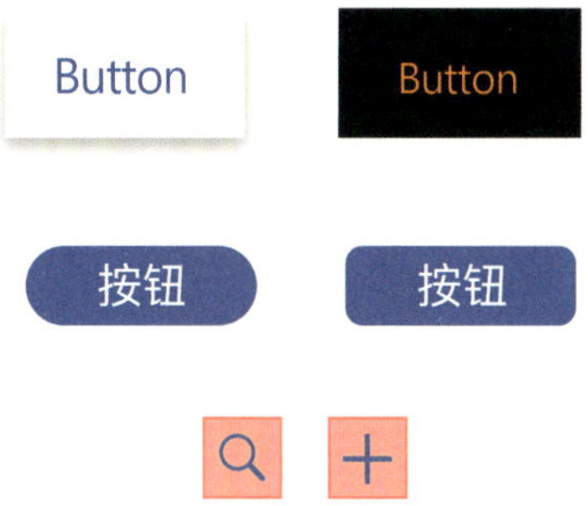

图 2-100 按钮

图 2-101 开关

图 2-102 滑块

图 2-103 输入框

图 2-104 进步器

图 2-105 分页导航

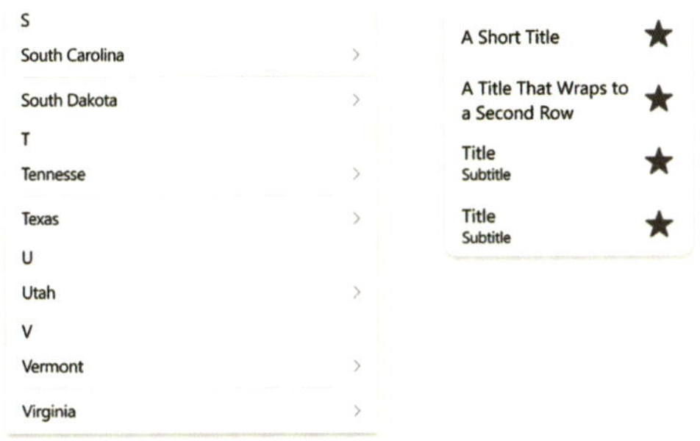

图 2-107 页面指示器

图 2-106 列表控件

图 2-108 提示框

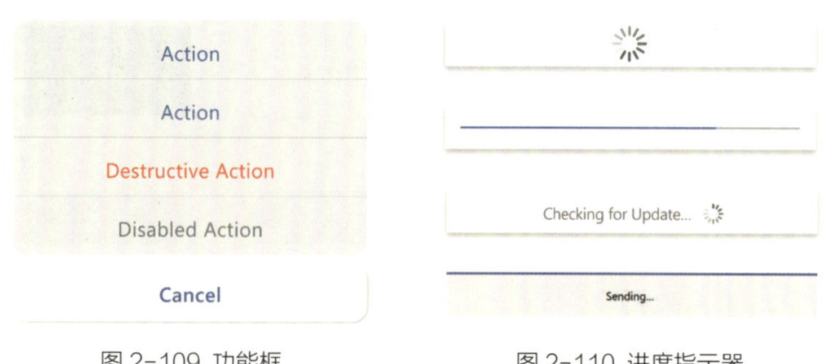

图 2-109 功能框

图 2-110 进度指示器

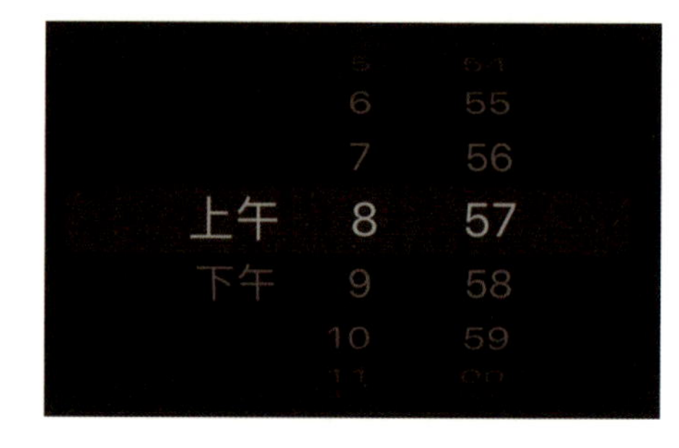

图 2-111 选择器

图 2-112 编辑菜单

图 2-113 提示浮标

图 2-114 字母索引导航

图 2-115 组件化设计——原子

编辑 >　　编辑

图 2-116 组件化设计——分子

2. UI 组件化设计

组件化设计又称原子设计，是一种模块化设计思维。它并不是 UI 设计领域首先提出的，也不是一个新的概念，在工业设计范畴中早就在应用组件化设计。比如制造一辆汽车，我们不会从螺丝钉开始加工，而是将各种零件组合成发动机、轮胎、车灯等，再将这些组件安装到一起组合成汽车。

（1）UI 设计中的组件化设计

UI 设计范畴的组件化设计是指把页面的元素和组合方式进行拆解，整理之后以便重复利用，实现页面的统一规范和高效搭建。

组件化设计的一般思路是：原子—分子—组合—模块—页面。

原子指页面中最基本的元素，例如色彩、文字、图标、分割线等。（图 2-115）本书中项目的界面元素分析其实就是在分析最基本的原子，比如用到什么颜色、文字字号、图标样式等。

分子指通过原子的组合，形成了可以传达信息或可以交互的内容，如按钮、导航栏、标签栏、搜索框、弹窗等。（图 2-116）

组合是将分子组合，形成具有综合功能的内容卡片、列表、入口模块、瀑布流图等。（图 2-117）它具有更复杂的功能和产品逻辑，是页面中最主要的、最直观的模块，我们称组合之后的内容为组件。

图 2-117 组件化设计——组合

模块可以理解为低保证原型图，通过原子 + 分子 + 组织组合成模板，将页面的布局构架起来。（图 2-118）

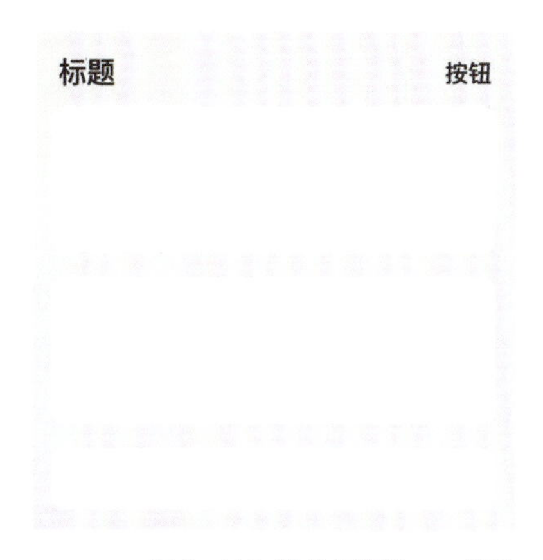

图 2-118 组件化设计——模块

页面就是最后将真实内容填充进模板，成了高保真原型图。（图 2-119）

图 2-119 组件化设计——页面

了解了整个过程，我们会发现，一个界面的作用和功能是由组件决定的，单一的控件、文字、图形等都不能明确产品逻辑，只有当它们组合成一个完整的组件时，才能反映出具体的功能需求。

当我们看到一个产品的信息框架结构图，就明确了每个页面中所需要展示的信息和解决的问题，之后就开始思考用哪种组件来展示更加符合需求，这同时影响着整体的布局如何分配。因此要求我们对组件的样式和类型有足够多的积累，才能在脑海中选择最适合的一种设计方式。

（2）App 中常见的组件类型

轮播图：轮播图是绝大多数网站、手机 App 都会应用的组件，用来展示想被用户关注的信息、广告等。轮播图可以使用“图片 + 页面指示器”的形式，也可以加左右箭头、标签等丰富的信息。（图 2-120）

金刚区：当一款 App 提供的功能或服务较多时，可以为部分内容提供“快速通道”，一般运用“图标 + 文字”的组合进行多个排列，可以展示多行，也可以左右滑动。（图 2-121）

动态卡片：动态卡片可以给用户展示信息，并提供对应的操作选项。（图 2-122）动态卡片一般分为三个部分：发布用户、动态操作、动态内容。动态卡片可以说是应用中最常见的组件。

图 2-120 轮播图组件

图 2-121 金刚区组件

信息列表：是由列表控件重复使用得到的组件，可以进行操作，效果直观清晰。（图 2-123）注意，如果信息很多需要设计出不同的间距，比如细分割线和宽分割线的配合使用，使信息更易读。

横向滚动列表：在界面布局过程中，页面虽然可以无限向下延展，但是我们不能让所有模块都无限制地占据大量垂直空间来显示，这时设计师就可以使用横向滚动列表（图 2-124）。使用时注意组件要在右侧或左侧被遮挡住一些，使用户感觉到后面还有内容，引发横向滑动的交互行为。

这里所介绍的只是最常见的基本组件，还有很多我们无法一一整理，也不知道具体命名，需要在持续的学习过程中观察和积累，比如我们使用一款 App 时，看到比较好看的新颖的组件，可以截图收集起来，供我们以后设计时获得更多灵感和参考。

三、技能要点

1. Adobe XD 资源库的使用

（1）认识 Adobe XD 库面板

Adobe XD 中库面板可以整理文档资源，分为四种资源类型：颜色、字符样式、组件和视频。（图 2-125）在相应的类别后面点击加号，即可添加资源进入库。资源库可以方便我们整理素材，统一工作中的视觉元素，比如适合重复使用的色彩、图标样式等。面板中的颜色、字符样式和视频三种资源都很好理解，也很容易操作，在这里我们主要介绍组件资源的使用。

（2）建立组件

A. 制作一个按钮图形，将按钮选中，单击库中组件后面的加号按钮，建立组件。建立完的组件按钮会出现绿色定界框，左上角显示实心菱形，证明是主组件。

B. 从组件面板中拖拽按钮组件到画板中，会出现一个组件实例，实例的预设和主组件一模一样。更改主组件会使实例一同更改，而更改实例则不会改变主组件状态。组件实例的定界框左上角为空心菱形，设计时要时刻注意我们是在实例中操作还是在主组件中操作。（图 2-126）

（3）嵌套组件

组件可以是复杂的内容，不单单是按钮。一个组件中可以嵌套多个组件，再将多个组件进行更改，最终完成嵌套的设置。例如动态卡片是一个大的组件，内部的图标和按钮是小的组件。（图 2-127）

图 2-122 动态卡片组件

图 2-123 信息列表组件

码 2-10 Adobe XD 资源库的使用

图 2-124 横向滚动列表组件

图 2-125 Adobe XD 资源库面板

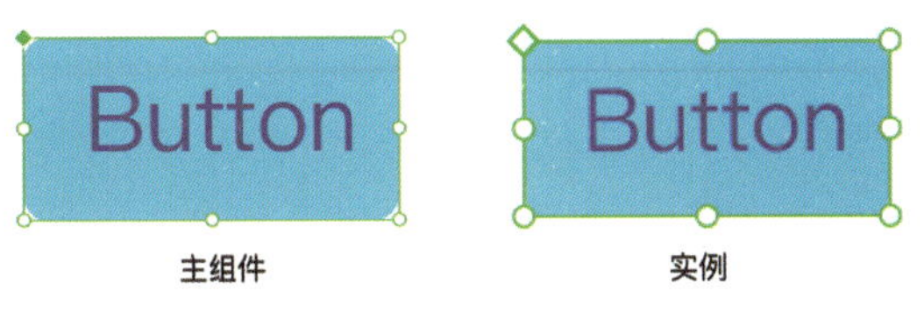

图 2-126 主组件与实例范式

图 2-127 嵌套组件范式

（4）组件状态

组件可以编辑状态，方法是打开软件左侧组件属性面板，在主组件选中时，点击默认状态后面的加号，弹出三种状态：新建状态、悬停状态和切换状态。选择一种状态之后，编辑这一状态下的组件样式，之后在预览状态下就可以看到不同的组件状态。

A. 选中按钮图标建立组件，在主组件中单击左侧属性面板中的加号，在弹出的菜单中选择悬停状态。（图 2-128）

B. 在悬停状态下更改按钮的颜色，之后回到默认状态，进入页面预览，鼠标悬停于按钮时，出现颜色的变化，鼠标离开则恢复默认状态。（图 2-129）

（5）创建交互式组件

我们可以利用组件的状态做一些微交互的效果，当我们设置组件状态的变化时，软件会自动使两个内容变为自动创建动画的交互效果，使组件产生有趣的变化。下面介绍一个播放和暂停按钮的微交互效果。（图 2-130）

A. 制作播放按钮：绘制圆形，之后绘制三条直线，将后两条直线分别顺时针和逆时针旋转 60°，将三条线围成一个等边三角形，放置在圆形中间。

B. 将播放按钮制作为组件，在左侧组件状态下单击加号，在弹出选项中点击切换状态，将切换状态命名为“暂停”。

C. 选中暂停状态，将三角形的两条边旋转回 0°，重合到一起调整好位置，完成暂停按钮的制作。

D. 在原型操作区中我们看到，两种状态的触发都是“点击”，类型是“自动制作动画”，时间可以调长一点变为 0.6 秒。

E. 在默认状态下点击预览，在播放按钮上单击鼠标即出现按钮的交互效果。

2. 利用辅助线制作流畅规范的图形

Logo 设计和启动图标设计的工作程序比较相似，一般是先搜集资料、绘制草图，然后再用矢量软件制作源文件。如果我们想要的图标风格是矢量的规范图形，那么在软件绘制时，建议使用辅助线来将线条变得流畅规范。

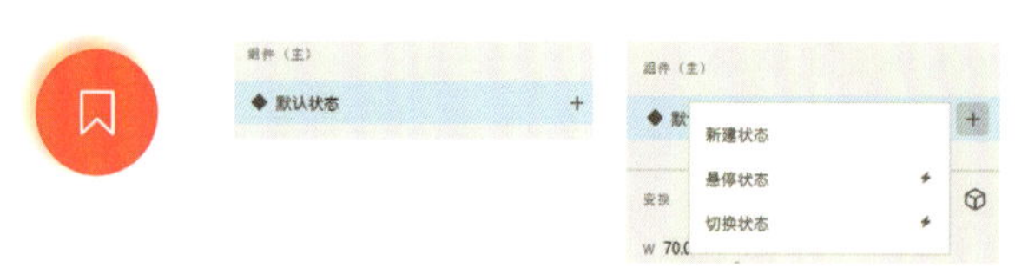

图 2-128 编辑组件状态（1）

图 2-129 编辑组件状态（2）

图 2-130 交互式组件范例

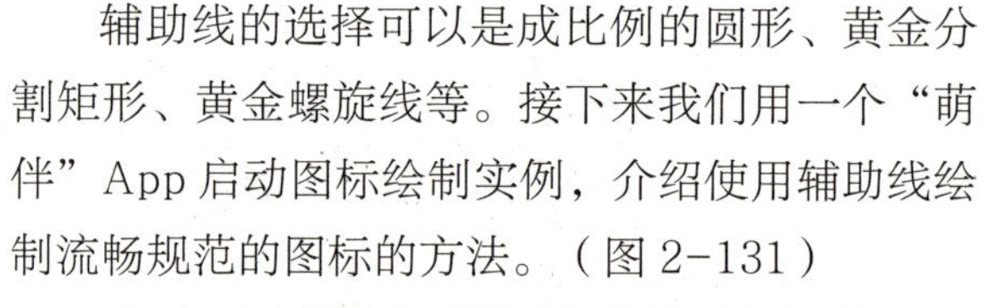

辅助线的选择可以是成比例的圆形、黄金分割矩形、黄金螺旋线等。接下来我们用一个“萌伴”App 启动图标绘制实例，介绍使用辅助线绘制流畅规范的图标的方法。（图 2-131）

（1）绘制草图，选择宠物猫的侧面作为图形主体。（图 2-132）

（2）在 Adobe Illustrator 软件中，绘制斐波那契数列的圆形。斐波那契数列的规律是后一个数是前两个数的和：1，2，3，5，8，13，21，34，55，89……。我们以这个规律中的数字作直径绘制圆形。（图 2-133）

（3）用这些圆形做辅助线，进行猫图形的规范绘制。

（4）绘制完辅助线之后，全选辅助线，点击工具栏中的形状生成器工具，在猫的轮廓内进行点击，填充颜色。

（5）在形状选中状态下应用对象—扩展命令，扩展后删掉不需要的图形，将猫图形全选，应用路径查找器—联集命令，图形绘制完成。

（6）绘制小圆形放置在猫图形上代表眼睛，调整眼睛的位置。

（7）绘制正方形，填充黄色，将猫图形进行反白处理。调整图形位置，图标设计完成。

图 2-131 “萌伴”App 启动图标示例

码 2-11 制作流畅规范的 Logo

图 2-132 “萌伴”App 启动图标草图示例

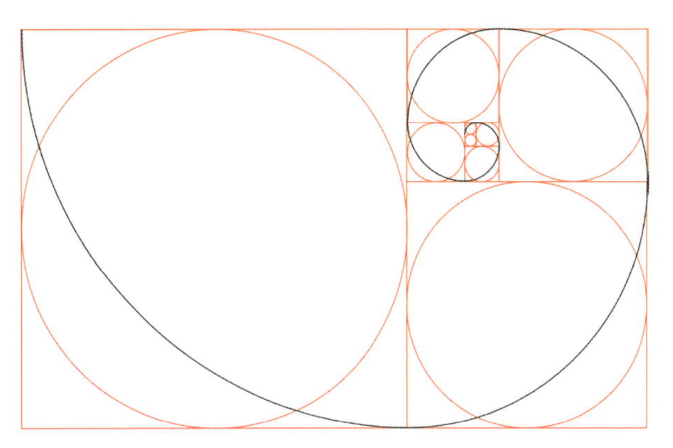

图 2-133 斐波那契数列图形

四、项目步骤

1.“萌伴”App 一级界面线框图搭建

根据功能结构图，我们能看出“萌伴”App 有五个一级界面，分别是：首页、萌圈、发布、消息、我的。在做具体的高保真原型图之前，我们先对每一个页面的布局和功能进行线框图搭建。（图 2-134）

“首页”的布局采用瀑布流式，主要展现图片或视频，图片下方设置标题、用户名以及点赞按钮。“萌圈”页面的布局主要采用列表式，清晰直观地展现不同社区的入口和内容简介。“发布”页面采用弹出的效果直接覆盖整个上级页，没有过多的内容，主要展示两个功能——“发布照片”和“发布文章”，“消息”和“我的”页面也主要采用列表式布局，将内容清晰地罗列出来。

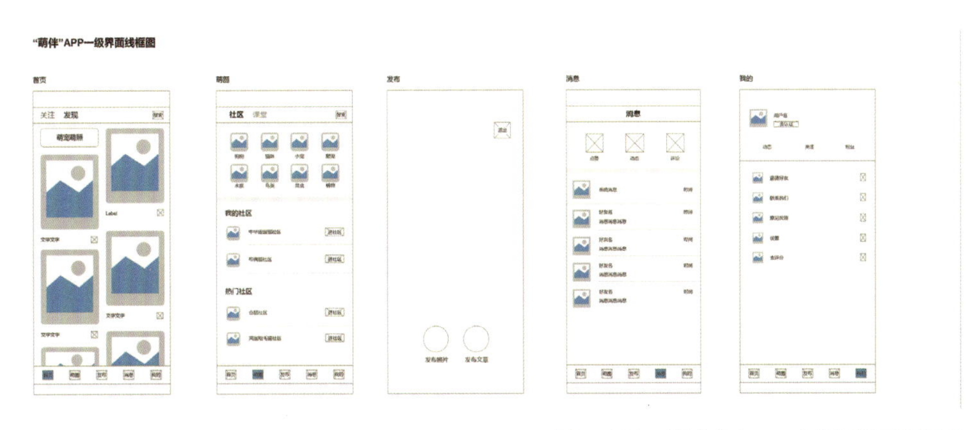

图 2-134 “萌伴”App 一级界面线框图示例

2. “萌伴” App 界面元素分析

（1）“萌伴” App 配色方案

宠物社交 App 色彩更偏活泼一些，所以背景色用白色，用中黄色做主色，辅色选用低饱和度的蓝色、红色、绿色，强调色为暖红色，整体氛围轻松活泼。（图 2-135）

（2）图标组设计

A. 启动图标：采用猫的剪影形式，运用主色配合反白图形，简洁鲜明。（图 2-136）

B. 标签栏图标：标签栏图标为五个，采用线面结合式的风格设计，中间的发布功能做一个比较突出的效果，整体风格偏卡通，不要忘记按钮需要做两种状态——点击状态和正常状态。（图 2-137）

C. 功能图标：根据线框图可以看出，每个页面需要用到的图标都不一样，根据图标的作用及所在页面风格设计出不同的图标样式，但整体风格都偏卡通可爱。（图 2-138）

3. 绘制半立体风格的图标

半立体风格的图标近年来也十分流行，这里选择发布照片的图标进行制作步骤讲解。（图 2-139）

（1）选择矩形工具，按住 Shift 键，同时拖动鼠标绘制正方形，设置圆角到合适状态。设置该圆角矩形为无边界、线性渐变填充。

（2）复制圆角矩形，缩小一些，填充的渐变色稍浅一些。

（3）再复制一个圆角矩形，再缩小一些，用这个小圆角矩形与后面的两个圆角矩形进行减去顶层的运算。

（4）绘制三角形，放置于底层。色彩设置为无边界、线性渐变填充。

码 2-12 半立体风格的图标制作实例

背景色 主色

辅色

强调色

文本色

图 2-135 “萌伴” App 配色方案示例

图 2-136 “萌伴” App 启动图标示例

图 2-137 “萌伴” App 标签栏图标示例

邀请好友 联系我们 意见反馈 设置 去评分

图 2-138 “萌伴” App 功能图标示例

图 2-139 “发布照片”图标示例

（5）复制一个三角形，放置于底层，渐变色调整得更深一些。（图 2-140）

（6）绘制圆形的太阳，调整渐变色。

（7）绘制眼睛图形：绘制圆形，双击进入圆形编辑模式，分别选中左右节点左键双击，将路径节点从平滑变为尖角，调整上下两锚点的距离使圆形的高度变小。（图 2-141）

（8）绘制两个圆形，一大一小，进行减去顶层的运算，得到环形，放置于眼睛图形中间，再绘制一个小圆形当作高光。

（9）制作投影，选中前面的三角形、眼睛图形以及环形，在效果中选择投影，分别设置投影的颜色和大小。（图 2-142）

（10）复制一个边框的矩形，再新画一个矩形，将两个矩形重叠留下一个右边和下边图形，点击效果面板中的背景模糊后面的对号，在弹出对话框中选择对象模糊，设置数量大小。（图 2-143）

（11）将模糊的对象放置于底层，调整到合适位置，图标制作完成。

图 2-140 半立体图标设计步骤（1）

图 2-141 半立体图标设计步骤（2）

图 2-142 半立体图标设计步骤（3）

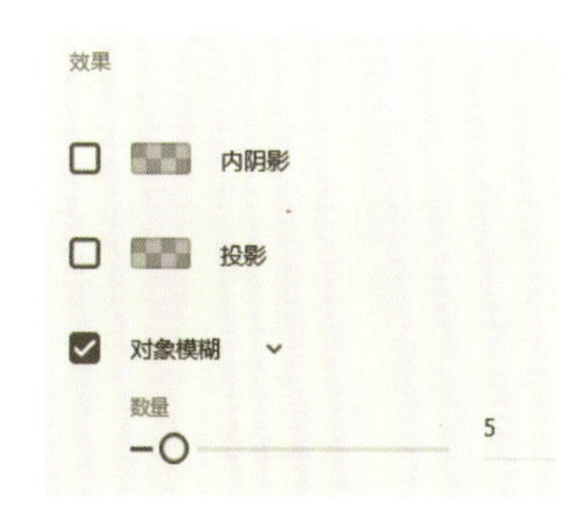

图 2-143 半立体图标设计步骤（4）

4. “萌伴”App 一级界面原型图设计

根据线框图的布局和 App 的元素分析，我们进行高保真原型图的设计，设计时要注意文字字号的层级关系、元素之间的对齐和间距等版式设计细节。最终完成五个一级页面的效果（图 2-144），下面介绍制作步骤。

（1）“首页”页面原型图制作实例（图 2-145）

A. 首先在 Adobe XD 中建立一个 iPhone X 大小的页面，然后将状态栏、主页指示器从素材文件中置入进来。

B. 制作标签栏，将设计好的标签栏图标放置在页面下方，主屏指示器的上方，标签栏的高度一般为 49px，之后调整好每个图标的位置。

C. 制作导航栏，首页中有两个分页导航分别是关注和发现。导航栏的高度一般为 44px，标题文字就在这个区间里，设置字体为苹方，字号为 20 点，字重为 Bold。将搜索图标放置在导航栏右侧。

D. 制作一个圆角矩形，尺寸为 165px × 46px，圆角半径为 10px；制作瀑布流组件，建立圆角矩形宽度为 165px，高度随意，下方输入文字、用户名和点赞的按钮，将整体建立为组件。

E. 复制瀑布流组件，调整高度，排列在页面上，之后调整图片和文字内容，首页制作完毕。

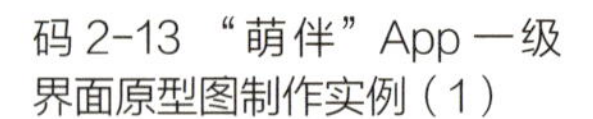

码 2-13 “萌伴”App 一级界面原型图制作实例（1）

码 2-14 “萌伴”App 一级界面原型图制作实例（2）

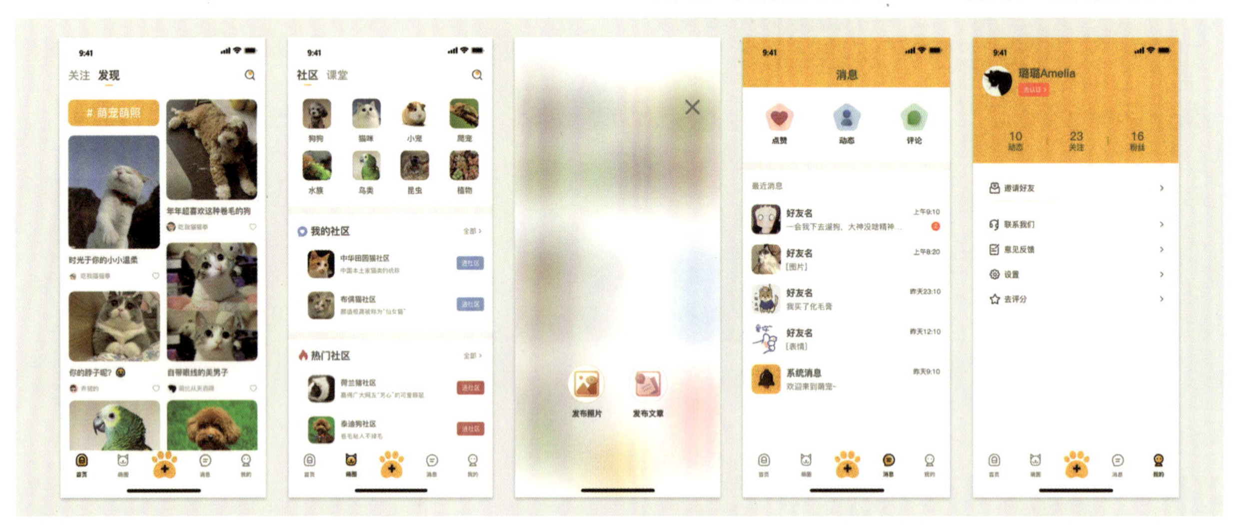

图 2-144 萌伴”App 一级界面原型图示例

图 2-145 “首页”页面原型图制作步骤

（2）“萌圈”页面原型图制作实例（图 2-146）

A. 在首页右侧新建一个页面，双击命名为“萌圈”，将标签栏、导航栏、状态栏、主屏指示器从首页复制过来。

B. 将导航栏的文字改成社区和课堂，社区为选中状态，字体颜色更深，下方有短线提示。

C. 制作一个圆角矩形，尺寸为 52px × 52px，圆角半径为 10px，建立重复网格，横向四个矩形，纵向两行共八个矩形，之后在下面输入文字，将图片批量置入网格中。

D. 制作一条分割线，尺寸为 375px × 15px，颜色是 #F7F7F7，在分割线下方放置“我的社区”栏目，并将社区图标放置进来。

E.“我的社区”栏目可以先制作一个社区内容组件，之后复制并调整里面的文字内容和图片。下面再放置一条粗分割线，将两个栏目区分开。

F. 用同样的方法制作“热门社区”栏目，注意标签栏的图层应在“热门社区”上方。

G. 调整标签栏的图标状态，将“萌圈”改为选中状态，“首页”改为正常状态。

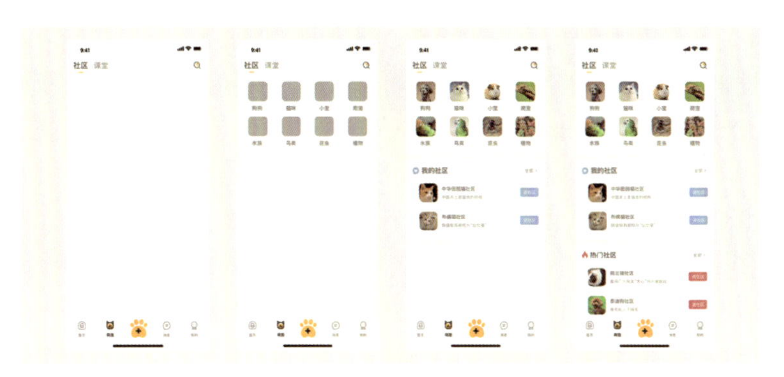

图 2-146 “萌圈”页面原型图制作步骤

（3）“发布”页面原型图制作实例（图 2-147）

A. 将“萌圈”页面选中，操作文件—导出—所选内容，将“萌圈”存储为 .PNG 格式 3 倍图。将 .PNG 文件放入 Adobe Photoshop 软件中，进行高斯模糊操作，模糊的数值要大一些，将模糊之后的文件存储好。

B. 回到 Adobe XD 软件中，用页面工具新建一个“发布”页面，将模糊的图片置入，铺满“发布”页面。将主屏指示器放置在合适位置。

图 2-147 “发布”页面原型图制作步骤

C. 将两个图标放置于发布页面下方合适位置，输入文字“发布照片”和“发布文章”，在页面右上方制作一个取消的叉号按钮，“发布”页面设计完成。

（4）“消息”页面原型图制作实例（图 2-148）

A. 用页面工具在“发布”页面右侧单击，建立新页面，名称改为“消息”，将状态栏、主屏指示器和标签栏复制过来。

B. 调整标签栏的图标状态，将“消息”改为选中状态，其他图标为正常状态。

C. 在导航栏和标签栏下方绘制矩形，尺寸为 375px × 88px，填充主色 #FFC213，透明度改为 85%，使其颜色不过于饱和。导航栏文字改为“消息”，居中放置。

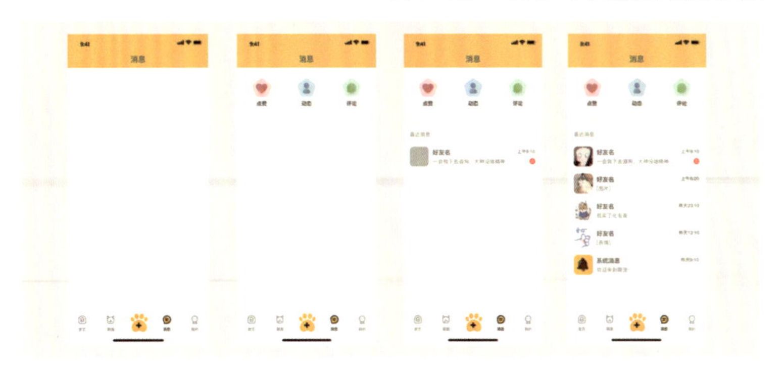

图 2-148 “消息”页面原型图制作步骤

D. 将制作好的点赞、动态、评论的图标放置进来，调整好位置。下方绘制粗分割线，尺寸为 375px×15px，颜色为 #F7F7F7。

E. 在“最近消息”栏目中制作第一个消息组件，头像是尺寸为 52px×52px、圆角半径为 10px 的矩形，右侧放置好友名称和聊天内容，最右侧放置时间和小圆点提示，将整体全选制作为组件。

F. 向下复制多个组件，调整每一个组件的头像和聊天内容、时间等。“消息”页面设计完成。

（5）“我的”页面原型图制作实例（图 2-149）

A. 用页面工具制作一个新页面命名为“我的”，将状态栏、导航栏、标签栏、主屏指示器复制进来，调整标签栏“我的”为选中状态，其他图标为正常状态。

B. 在页面上方制作一个矩形，尺寸为 375px×222px，填充主色 #FFC213，置于底层，在上面放置用户名称和头像，并制作“去认证”按钮。

C. 输入文字“动态 10”“关注 23”“粉丝 16”，进行居中对齐排列，放置于黄色背景上。

D. 制作下方列表，输入“邀请好友”并在前面放置图标，右侧放置箭头图标，之后制作一个圆角矩形，尺寸为 343px×44px，圆角半径为 10px，将边界去掉，填充白色；复制一个圆角矩形放置于后层，填充灰色，在右侧面板中点选对象模糊，制作出一个合适的模糊效果，调整位置与前层矩形叠加出投影效果。

E. 用同样的方法制作下方多行列表的内容和投影。注意投影的范围不要太大，利用两层内容来制作投影。“我的”页面完成。

五、知识拓展

界面版式布局规范需注意以下几个方面。

1. 间距

间距在 UI 设计中主要指元素与界面边缘的距离、元素与元素之间的距离。

从垂直方向来看，移动端内容大多以纵向滚动为主，垂直方向的间距区别可以帮助用户进行模块的区分。设计垂直间距时，要注意层级高的模块间距不应当小于层级低的模块间距。（图 2-150）

从水平方向来看，一个模块中的信息层级也同样重要，错误的水平间距会导致用户对元素的关联性判断错误，或者让画面看起来混乱。调整元素的位置使距离变得亲密，或者采用增加分割线、区分背景色等方式也可以解决水平方向的层级问题。（图 2-151）

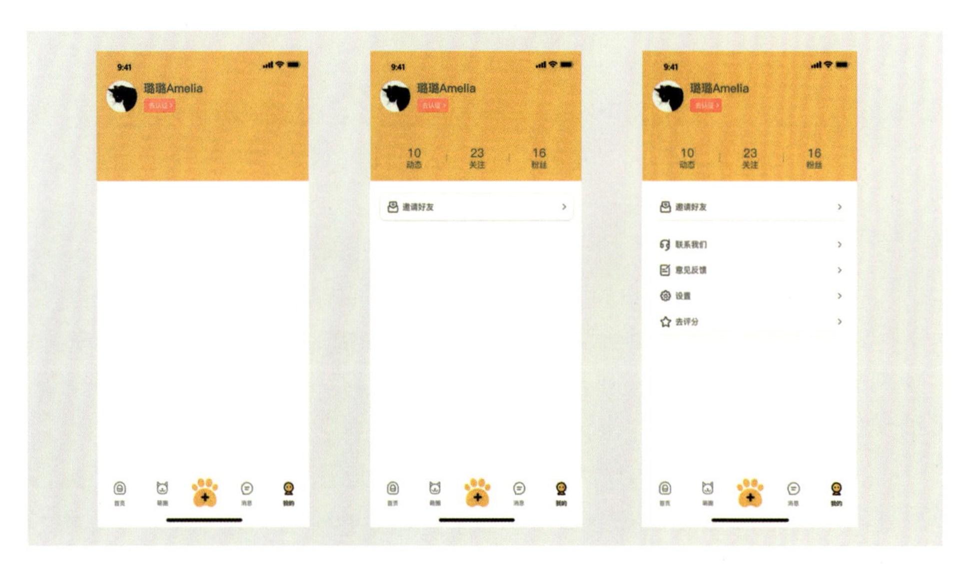

图 2-149 “我的”页面原型图制作步骤

图 2-150 垂直方向的间距

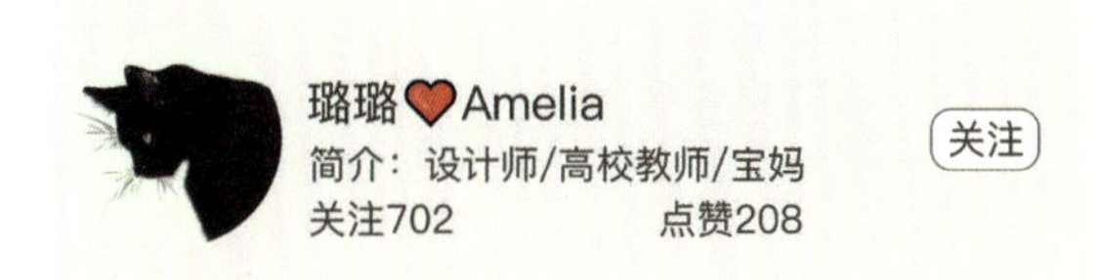

图 2-151 水平方向的层级关系

2. 对齐

在移动端界面设计中，对齐是最常用的参照方法。页面中元素和信息众多，为了使页面看起来整洁有序，将元素进行对齐操作是最常用的做法。对齐一般有三种形式，居左对齐、居中对齐和居右对齐。（图 2-152）

居左对齐：人的视觉习惯是横向从左向右阅读，所以界面的列表信息中，左对齐是最常用的对齐方式。

居中对齐：歌词、诗歌等短文本适合居中对齐，给人感觉更加舒展。启动页或登录页主要内容一般也都居中。

居右对齐：居右对齐多用于图标类界面中，想让用户点击的按钮一般会居右对齐，方便用户右手点击。涉及数据对比时，使用居右对齐能更直观地表现位数。

图 2-152 三种常用的元素对齐方式

3. 投影

在界面设计中，随着 Z 轴空间概念的引入，投影逐渐流行。投影的使用需要尤其注意程度，适度的投影会使界面富有层次感，更生动活泼，但投影一旦过度就会显得界面脏。如图 2-153 左边是一个优秀利用投影的组件，按钮通过投影的设置而具有立体感，层次更丰富；右边则是比较过度的投影状态，会使界面感觉很脏。

要注意，尽量不要用软件自带的一键制作投影的方式来，最好是用一层专门的投影图形，上面叠加不透明的内容。这样有助于灵活地调整投影的位置或程度，甚至通过改变投影的形状，产生不同的立体效果。（图 2-154）

图 2-153 投影的适度与过度

图 2-154 不同的立体效果

4. 文字层级

界面设计和版式设计一样，需要考虑各方面元素的层次关系、视觉引导等，文字的层级关系直接影响到阅读体验和界面视觉效果。文字在设计时应从四个维度考虑层级关系：大小、字重、明度、倾斜。（图 2-155）

文字一般以四个字号的大小差距拉开层级关系，标题文字大，正文文字小，注释类文字更小。字重则是指字体的粗细，重要的文字粗，次要的文字细。明度是指字体用到的色彩，黑白灰的不同层次，如果用的是彩色，也要注意色彩的明度变化，黄色明度最高而紫色明度最低。文字的倾斜设计可以使画面更加灵活，富有变化，但不适合大面积使用。由于系统预设的字体一般都是精练的黑体，用户看多了自然视觉疲劳，因此有些 App 的界面设计中，会运用丰富的文字层级建立独特的视觉审美。（图 2-156）

5. 图片比例

界面设计中常用的图片比例有 1 ：1、4 ：3、16 ：9、X ≤ Y（宽≤高）这四种比例。（图 2-157）每种比例有它的优缺点，但不是说所有的图片一定要用这些比例来衡量，在界面设计中还是要以整体的视觉体验为主。

1 ：1 长宽等比适用于 Feed 流头像、Logo 等不宜拉伸变形的内容。（图 2-158）

4 ：3 属于小众型，因为比例接近于长宽等比，所以当宽度较大时，一屏高度往往只能展示两幅图，有些浪费空间，比较适合运用到以图片为主的或者用户群体较年轻的产品中。（图 2-159）

16 ：9 更符合人体工程学，研究发现，人的两只眼睛的视野范围是一个长宽比例为 16 ：9 的长方形，所以显示器、电影等行业根据这个黄金比例来设计产品。在 UI 界面设计中，16 ：9 这个比例也广泛应用于 Banner 图和视频播放窗口等。（图 2-160）

图 2-155 文字的四个维度

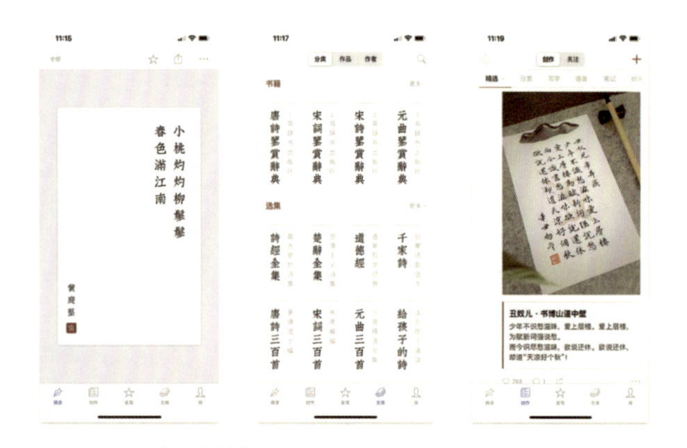

图 2-156 “西窗烛” App 界面

图 2-158 “饿了么” App 饭店列表界面

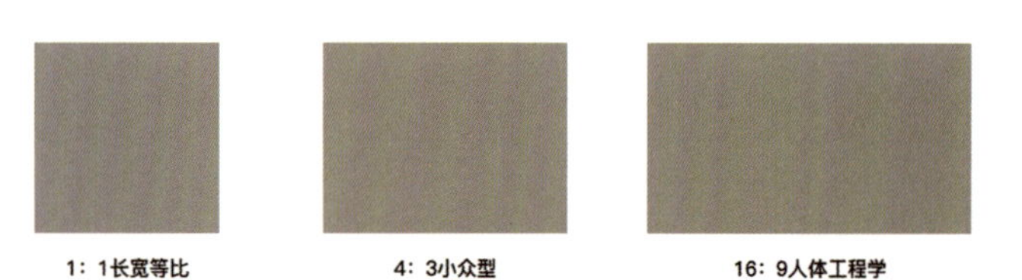

图 2-157 界面设计中常用的图片比例

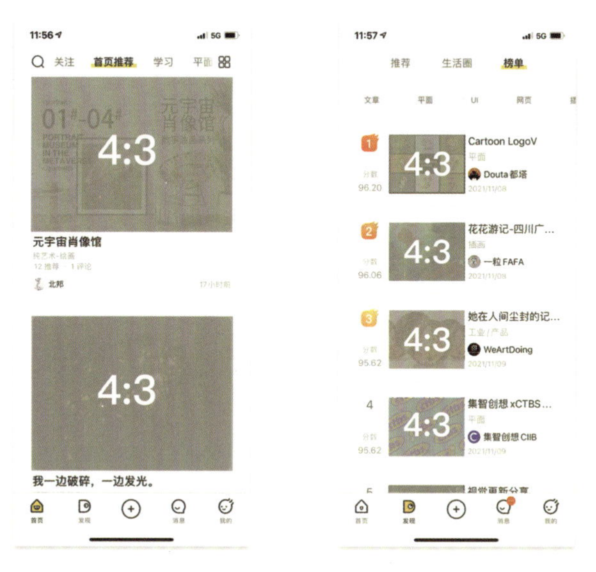

图 2-159 “站酷”App 首页及发现页面

图 2-160 播放器窗口长宽比为 16 ：9

X ≤ Y 瀑布流型，是宽度固定、高度根据图片内容自适应的一种图片比例，在一些以图片为主并且内容比较综合复杂的产品中使用较多。例如“淘宝”“小红书”等 App 就采用固定图片宽度，根据用户上传的图片来确定适合的高度的形式。（图 2-161）

图 2-161 固定宽度，高度自适应的瀑布流页面

六、思考与练习

练习题一：

根据本项目学习的内容，虚拟一款社交类 App 的定位与构思，或沿用“萌伴”App 的概念原创启动图标，要求图形流畅规范，符合产品定位。

练习题二：

根据虚拟的社交类 App 的定位和功能，或沿用“萌伴”App 的产品功能结构图，任选五个界面制作线框图，一级界面或二级界面均可，建议用 Axure RP 软件，以 iPhone X 一倍图尺寸制作，项目步骤中的布局均是参考，作业需按照自己的想法进行制作。

练习题三：

线框图搭建完成之后，用 Adobe XD 软件制作原型图，要求设计符合 iOS 系统规范，配色方案美观合理，图标设计规范，文字层级清晰，版式整洁美观。项目中的案例制作、配色方案等均是参考，作业需按自己的想法来进行页面的设计。

项目四 美食 App 界面设计

一、项目说明

1. 项目要求

移动端的前三个项目都提供了功能框架结构图，设计时需要做什么、大致的风格都很明确。从本项目开始，我们尝试从战略层创作一个 App 项目，需要自己选择 App 类别，完成竞品分析和产品需求文档，制作功能框架结构图，画出主要页面的线框图，最终完成原型设计，并对界面设计进行切图和标注。

2. 项目引导

互联网产品包罗万象，我们在选择类别时可以从自己感兴趣、熟悉的领域开始。（图 2-162）

本项目实例选择了美食类，在项目步骤中会带着大家从竞品分析开始，完成产品的前期策略层搭建，之后再进行具体设计。

二、知识要点

1. 竞品分析

竞品分析（Competitive Analysis）一词最早源于经济学领域，是指对现有的或潜在的竞争产品的优势和劣势进行分析。在互联网领域，竞品分析被广泛地应用于产品的立项筹备阶段。通过严谨高效的

图 2-162 常见的互联网产品类别

竞品分析，可以使产品团队更好地了解市场态势，把握自身产品需求，做到知己知彼。

（1）为什么要做竞品分析

一个项目从启动开始，产品经理首先在战略层对产品的整体进行把控，分析行业情况、产品定位、目标用户及产品功能，根据这些分析输出产品需求文档和产品信息框架结构图。之后交互设计师会根据这些来进行用户操作流程的分析，思考用户交互逻辑，完成交互线框图和操作流程图。UI 视觉设计师再根据这些来完成视觉语言的梳理，分析信息结构是否合理，设计亮点有哪些，行业的设计趋势是什么。这些工作都完成好，项目才得以开发上线，上线之后还需要进行用户反馈分析、数据分析以及竞品之间的对比，以完成项目的版本迭代。（图 2-163）

通过这一过程我们其实能看出来，在所有的内容输出之前，每个阶段都需要做大量的分析工作。竞品分析不只是产品经理自己需要做的事，交互设计师、视觉设计师，甚至开发人员、测试人员都应该做，而且很值得去做，每一个互联网人都应该有这种产品思维。

（2）竞品分析的方法

明确分析目标：在做分析之前，要明确我们到底为什么做竞品分析。首先，从战略层面上看，竞品分析可以帮助我们判断是否该进入一个新市场、是否该做一个新产品；其次，竞品分析可以帮助我们做新产品的定位，找到细分市场，避免与巨头正面竞争；最后，通过竞品分析，制定自身产品的竞争策略。做竞品分析还可以让我们学习借鉴优秀竞品，通过分析业界的成功产品，帮助我们挖掘市场需求，找到产品机会；通过借鉴竞品，帮助我们完成产品的功能列表；通过分析竞品的功能结构图和原型设计，为自身产品的功能原型设计提供参考，学习竞品的运营推广手段。

筛选竞品：竞品一般分为直接竞品、间接竞品两类。直接竞品是最好理解也最常分析的竞品，就是与我们产品的目标用户相同，属于产品的直接竞争对手，比如爱奇艺和腾讯视频就是直接竞品。间接竞品是指产品的目标用户有很大的相似性但又不完全一致，产品功能、适用场景和产品形态有重叠，这些竞品可以作为参考，比如百度和知乎就属于间接竞品。

竞品的选择不用太多。如果是做全方位的竞品分析，涉及的内容比较广泛，可以选择一个或者两个优质的直接竞品即可；如果只是根据目的做某一方面的功能或者设计的比较分析，那么可以同时多挑选几个间接或者潜在的竞品一起进行比较分析。在这里二八原则也适用，主要的精力放在 20% 的比较突出的竞品即可。

收集资料：收集资料是很重要的工作，因为很多新入行的设计师，除了下载软件进行直接使用的分析以外，对数据和目标用户等的分析都无从下手，图 2-164 中列出了一些常用的外部第三方数据收集网站。

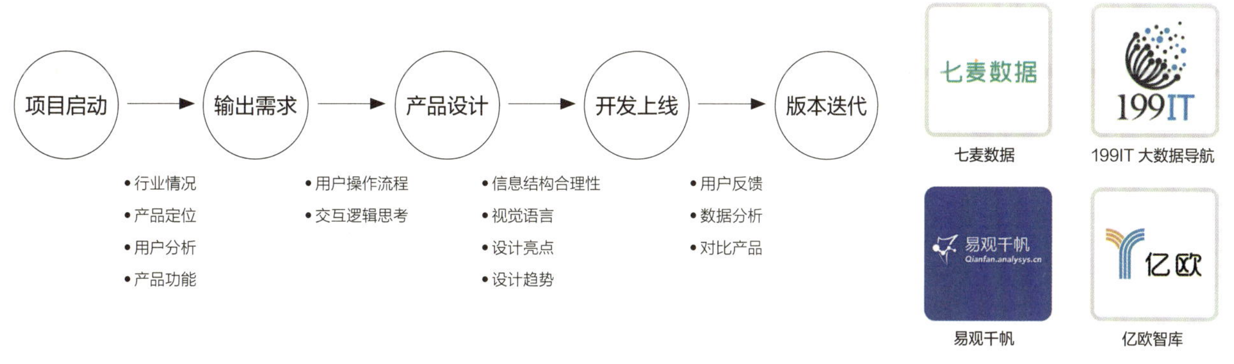

图 2-163 互联网产品的开发过程

图 2-164 常用的数据分析网站

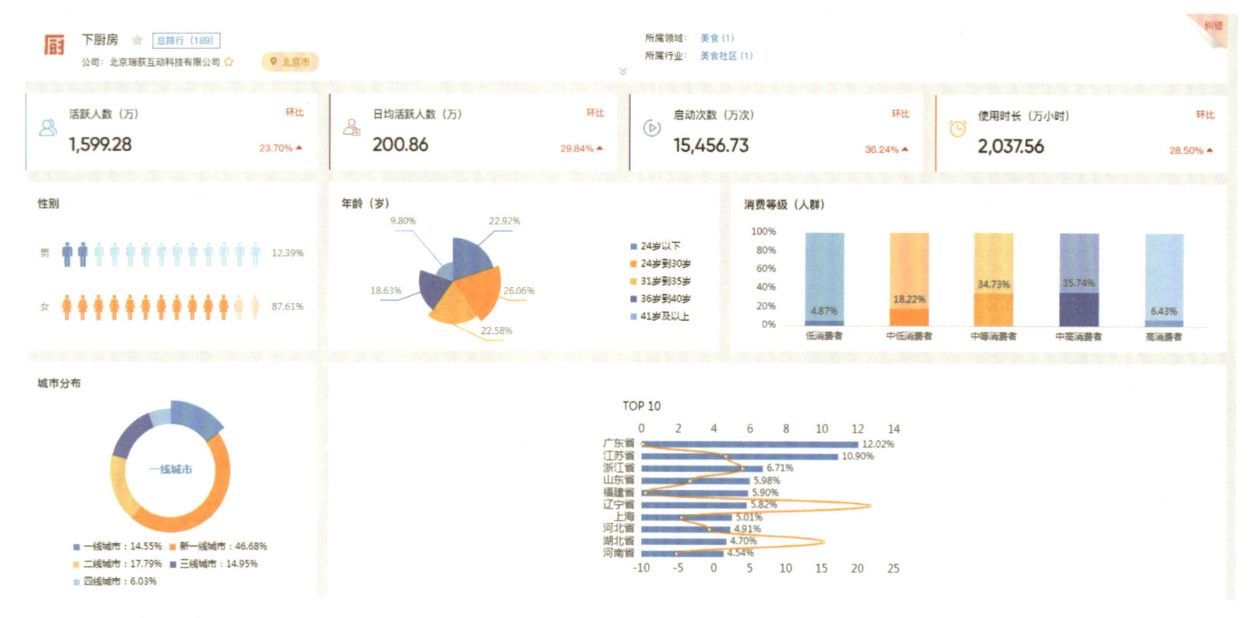

图 2-165 “下厨房”App 分析报告

在易观千帆中，我们搜索到食谱类的 App“下厨房”，所得到的分析数据会有用户的数量、用户性别比、用户年龄分布、用户消费等级分布、用户城市分布等。（图 2-165）

2. 界面的切图和标注

当界面设计定稿之后，设计师需要对界面进行切图和标注的工作，方便团队的使用和开发。用设计软件制作完的页面，只是一张静态的图片，我们需要把设计稿切成一张张小图，然后交给开发人员用 DIV+CSS 完成静态页面书写，完成 CSS 布局。标注则是告诉开发人员，这个控件的位置、大小、与其他控件的距离，这样做会使界面更接近设计图，也给不同界面的适配提供参考。当然，现在有很多协同设计软件比如 Figma，是一种基于浏览器的协作式 UI 设计工具，支持跨平台（Windows、Chrome、Linux、Mac）使用，且无须本地保存，设计文件是一个链接，工作流程中的每个人都可以看到元素的大小和位置，亦可下载下来直接使用。这就省去了切图和标注等工作，这也许是未来 UI 界面设计的趋势，但现在我们还是要了解切图和标注的方法。

（1）切图

图 2-166 三种倍率的切图

在设计稿中，所有用代码实现不了的或者比较难以实现的元素，我们都应该进行切图，如图标、图片等。简单样式的按钮、背景色、卡片、分割线、文本等不需要切图。

切图的原则：

首先，切图输出应考虑手机适配。导出的切图都是 .PNG 格式，所以有像素大小的区别，前文讲过的不同倍率在这里就要分开来切，即分别导出 @1x、@2x、@3x 的切图。（图 2-166）

其次，切图资源尺寸必须为双数。一个像素是屏幕最小的单位，因此一个像素不能再被切割，不能出现 0.5、0.3 这种尺寸，如果出现，图形周围就会因为没有对齐像素而产生虚边，也不能使用单数，单数像素也会使切图边缘模糊。因此我们要记住，切图的长宽必须是双数。（图 2-167）

再次，为了提升 App 的使用速度，切图时应

双数像素切图清晰

单数像素切图模糊

图 2-167 切图资源应为双数

230KB

107KB

图 2-168 图片资源被压缩

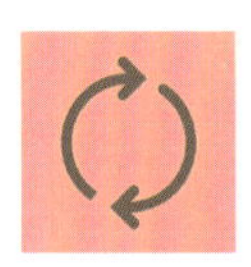

图 2-169 点击区域不小于 44px 且不能重叠

tab_icon_home_def@2x.png

标签栏_图标_主页_默认DEFAULT@2X.PNG

图 2-170 切图命名范例

尽量降低图片文件大小。一张大图肯定要花更多的时间才能加载成功，拖慢整体 App 的使用速度，因此图片要尽量降低大小，具体的方法是可以用网上的压缩图片工具，比如“智图”平台等，将图片进行压缩。（图 2-168）

最后，要注意移动端的可点击最小范围是 44px，所以我们的可点击空间不能小于 44px 的范围（图 2-169）。如果点击范围太小则没法儿交互，用户的手指容易点不上，设计时可点击控件之间的距离也不要太近，以免出现交互过程中点击的失误。同时需要把不同控件状态都进行切图输出，然后在命名时标示清楚。

（2）切图命名规范

分类	命名	解析
名词命名	bg（background）	背景
	nav（navbar）	导航栏
	tab（tabbar）	标签栏
	btn（button）	按钮
	img（image）	图片
	del（delete）	删除
	msg（message）	信息
	icon	图标
	content	内容
	left/center/right	左/中/右
	logo	标识
	login	登录
	register	注册
	refresh	刷新
	banner	广告
	link	链接
	user	用户
	note	注释
	bar	进度条
	profile	个人资料
	ranked	排名
	error	错误
操作命名	close	关闭
	back	返回
	edit	编辑
	download	下载
	collect	收藏
	comment	评论
	play	播放
	pause	暂停
	pop	弹出
	audio	音频
	video	视频
状态命名	selected	选中
	disabled	无法点击
	highlight	点击时
	default	默认
	normal	一般
	pressed	按下
	slide	滑动

图 2-171 常用切图命名

切图的命名有自己的规范，通用切图命名格式为：控件_类别_功能_状态@倍率.PNG（图 2-170）。注意一定要全字母命名，英文或拼音都行，断开要用下划线。不同团队对切图命名有自己的喜好，具体使用方式还需在工作中与团队成员多沟通。（图 2-171）

（3）标注

标注和切图一样，也是为了使工程师更精准地开发产品，比如在界面中标注搜索图标的尺寸、它和搜索框的距离等。有效的标注会让页面落地时保持设计的美观，也更便于适配不同界面。标注主要应用于以下四种不同属性的内容：尺寸、文字、间距、颜色。

尺寸标注：页面上所有需要告知开发人员的尺寸都要进行标注，例如图标、图片、头像等。一般情况下，图片的尺寸是需要告诉比例的，而不是固定的大小，这样开发人员才能更好适配。控件例如按钮、列表等标注长宽大小，需注意其数值为偶数。

文字标注：需要标注文字的字号、字体、颜色、透明度、行高等，当然也可以和工程师沟通，对一些内容进行删减。文字的标注还有个比较特别的地方，就是在某些情况下，文字的字数并不固定，如果文字很长会挤压到旁边的内容，这时候就需要标注清楚安全距离，超过安全距离则用省略号。（图 2-172）

间距标注：常见的标注文件中，组件间距大致分为两种，即页边距和内容块之间的间距。由于屏幕规格的多样性，元素的位置和间距通常不是固定值，设计师要根据设计的模块构成来进行间距的标注。

在垂直维度上，瀑布流类的界面设计里，元素的高度、元素与元素之间的距离一般不发生变化，垂直高度和垂直距离只需要标注数值即可。（图 2-173）

如果只有一屏内容，例如登录注册页、空白页、引导页等，则需要根据屏幕尺寸对垂直距离进行适当调整。（图 2-174）

在水平维度上，标注需要考虑不同尺寸屏幕的适配性，如果横向上所有元素的宽度和距离都标注，那当界面尺寸变宽或变窄，开发人员会很难适配，这类标注就是错误的。（图 2-175）

因此我们一般采用以下方法进行标注：标注中间区域

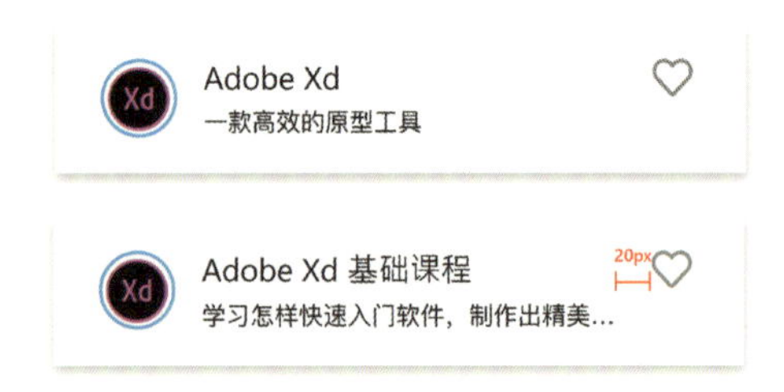

图 2-172 文字安全距离标注示例

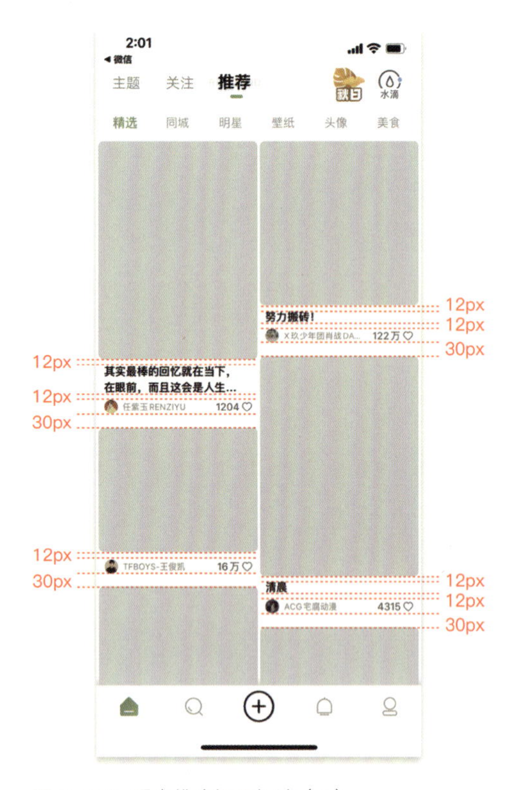

图 2-173 垂直维度间距标注（1）

图 2-174 垂直维度间距标注（2）

的数值，则适配时中间数值不变，左右放大；标注左右区域的数值，则适配时左右与边距的距离不变，中间区域放大。（图 2-176）所以水平方向的标注，要理解这一模块的元素关系，是居中、居左还是居右。标注时要注意遵循从左到右、从上到下的视觉逻辑，居中的内容可以不标注，通栏宽度不用标注。

颜色标注：需要标注颜色的内容有分割线颜色、背景颜色、按钮颜色等。文字的颜色已经归类到文字属性里面，不用重复标注。颜色可以标注 RGB 色值，也可以标注 16 进制代码色值。

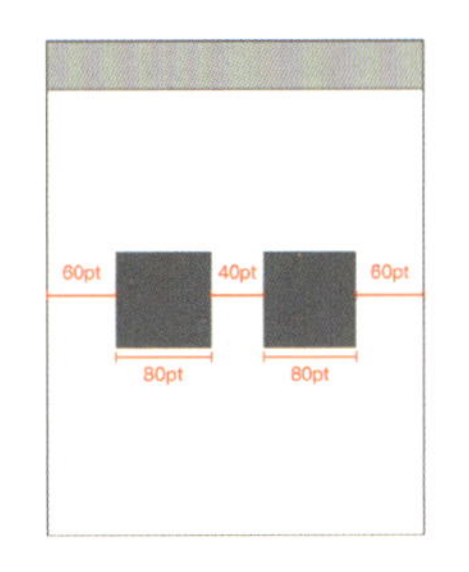

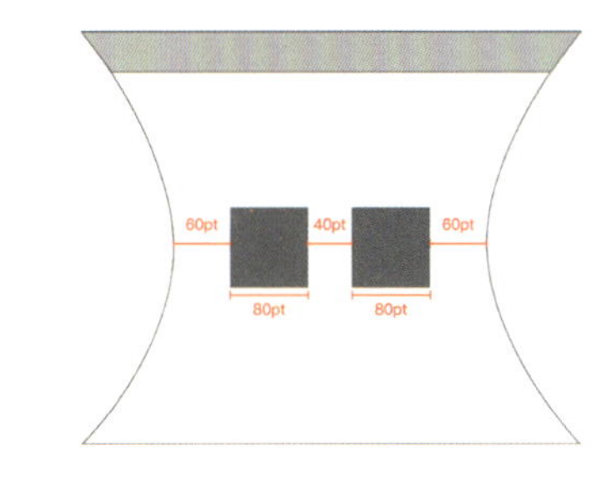

图 2-175 水平维度间距标注错误示例

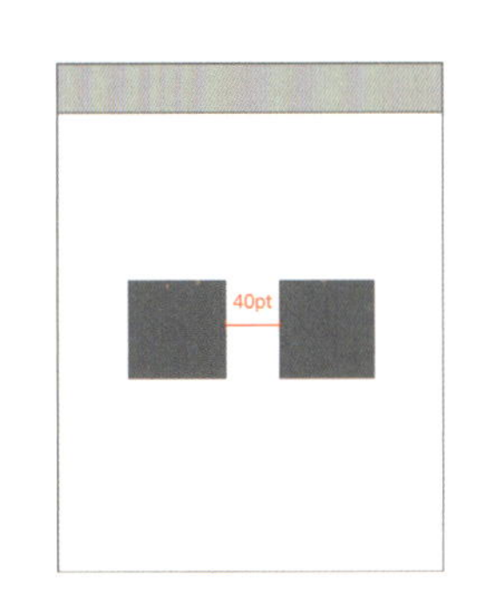

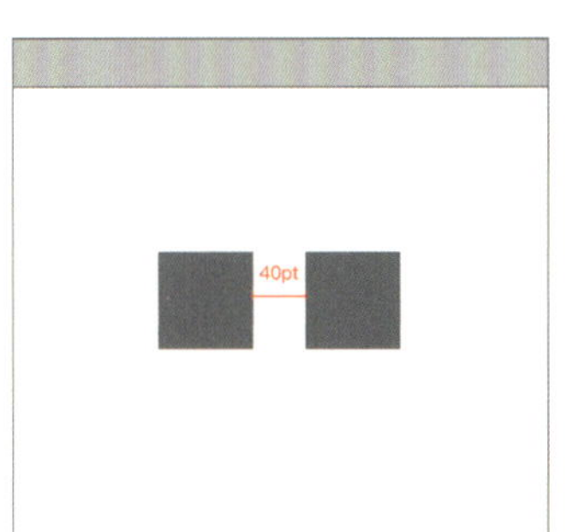

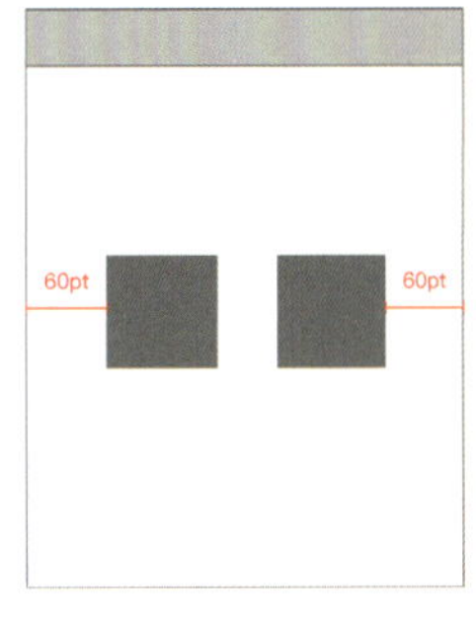

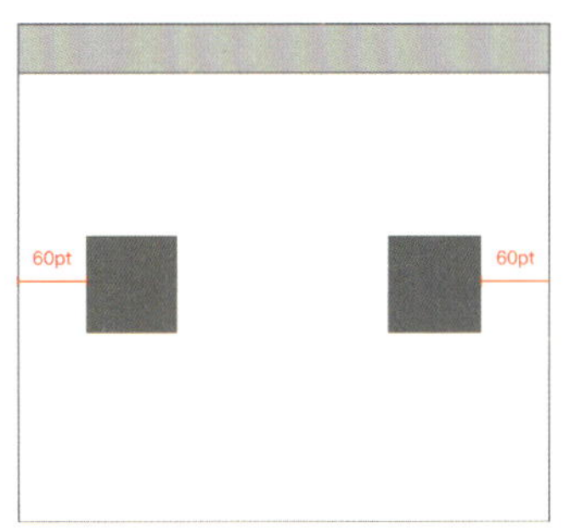

图 2-176 水平维度间距标注

3. 不同屏幕的适配

市面上有这么多不同尺寸的手机，我们无法每一个尺寸都出一套设计稿，而且很多 App 在 Pad 上使用时界面就更大了，有的 App 还拥有暗夜模式，有的 App 需要横屏使用。为了满足这些尺寸或样式的变化，一般的做法是做出一个基本稿，用其进行尺寸的调整，适配到不同场景和终端上。

屏幕大小的改变，分宽度和高度两方面，例如 iPhone 6 和 iPhone X，它们的屏幕尺寸分别是 375pt × 667pt 和 375pt × 812pt，可以看出来它们宽度一致，都是 375pt，而 iPhone X 高出了 145pt，这高出的部分，不是简单地拉长页面，也不能拉长间距，而是显示的内容增加了。（图 2-177）因此宽度一致时，一般的页面就不需要手动适配了，只考虑不同的倍率关系即可。

宽度方面我们就需要多考虑一些变量。例如一个宽 640pt 的设计图，需要适配到宽 750pt，有三种适配的方法：间距等比放大，元素大小不变；元素等比放大，间距大小不变；间距等比放大，当超过一定数值后增加一个元素。（图 2-178）

图 2-177 相同宽度、不同高度的屏幕显示内容

三、技能要点

1. XMind 基本操作

XMind 是非常简单的制作思维导图的工具，在 UI 界面设计中我们可以用它制作产品的信息框架结构，方便又清晰地整理互联网产品思路。（图 2-179）

（1）双击打开软件，点击新建—思维导图，在操作区中出现一个“中心主题”图形。双击文字或按空格键，可以输入文字改变主题名称，按 Enter 键确定输入。

（2）选中中心主题，按 Enter 键插入分支主题，可按多次插入多个分支主题。

（3）按 Insert 键，可在分支主题中加入子主题。

（4）按 Delete 键删掉主题。

（5）点击菜单—保存即可存储文件，点击菜单—导出可导出 .JPG、.SVG、.PDF 等多种格式的文件。

2. PxCook 智能标注方法

PxCook 是一款很轻便的自动标注工具，支持 Windows、Mac 系统，支持 Adobe Photoshop、Sketch、Adobe XD 软件直接作为插件使用。接下来介绍一下它的使用方法。

安装软件可从官网下载安装包，安装之后可以双击进入软件，也可以下载 Adobe XD 可用的插件安装包，安装成功之后会在 Adobe XD 菜单栏—文件—导出菜单中出现 PxCook 选项。

PxCook 工具栏工具名称（图 2-180）：

生成尺寸标注：选择对象，直接点击生成尺寸标注按钮，自动出现长宽尺寸标注。

生成文本样式标注：选择文字对象，点击生成文本样式标注按钮。可选择标注字号的单位是 pt 还是 px，颜色可以选择颜色代码或 RGB 数值。

生成区域标注：选择对象，单击生成区域标注按钮，直接生成区域的长宽数值。

生成两个元素内部间距标注：按住 Ctrl 键选择有包含关系的两个对象，然后点击生成两个元素内部间距标注按钮，自动生成内部间距。

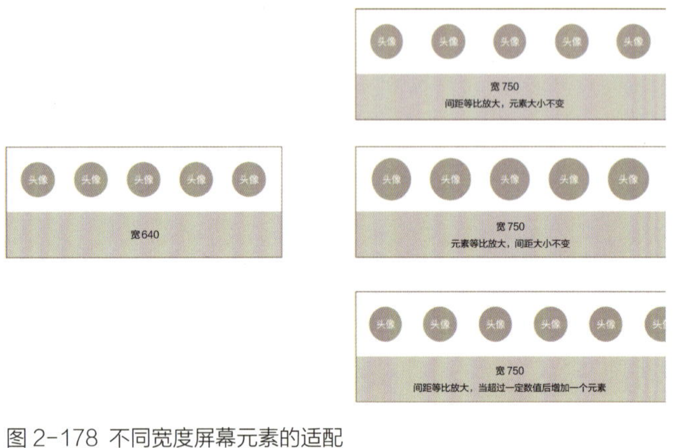

图 2-178 不同宽度屏幕元素的适配

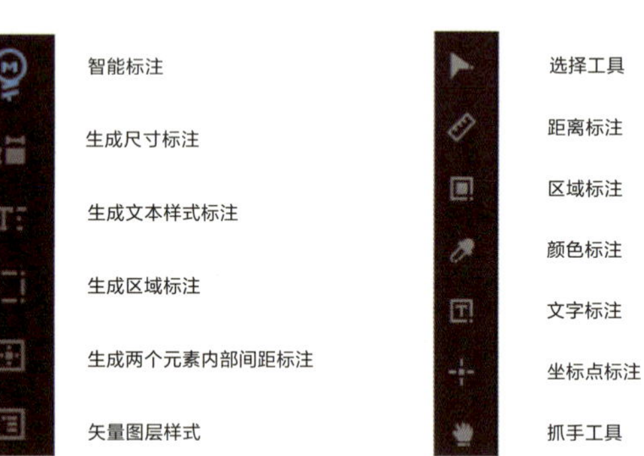

图 2-180 PxCook 工具栏

按空格键更改主题名称
按 Enter 键加入分支主题
按 Insert 键加入子主题
继续按 Insert 键加子主题
可以加多个子主题
按住鼠标左键选中分支主题并拖动，可以调整位置
按 Delete 键删除主题

图 2-179 XMind 操作方法

码 2-15 XMind 的基本操作方法

码 2-16 PxCook 的操作方法

图 2-181 Adobe XD 中添加导出标记

	菜谱模块	社交模块	电商模块	账号信息模块
下厨房	1. 创建菜谱功能； 2. 菜篮子功能明显； 3. 菜谱分类不明确； 4. 收藏功能模块，方便快捷。	1. 厨房问答，增进交流； 2. 加好友； 3. 信箱模块查看消息； 4. 厨 Studio 在线直播授课交流。	1. 市集模块，分类明确，蔬菜生鲜少； 2. 好店推荐和热门主题促进商家进行产品促销活动。	1. 优惠券模式。向好友发送产品链接推荐会获得优惠券，方便推广下厨房产品； 2. 订单管理，退换货帮助中心； 3. 增加菜谱与作品页面，方便用户管理。
豆果美食	1. 创建菜谱里面还能发布帖子； 2. 菜篮子功能不明确，入口较深； 3. 菜谱种类分类明确，种类多。	1. 首页右上角消息功能查看消息； 2. 加好友功能； 3. 圈圈模块，分类细化话题讨论； 4. 课堂模块，提供在线直播授课交流。	1. 购好货模块，分类明确，蔬菜生鲜很少； 2. 添加抢购专区和必买专场刺激消费。	1. 个人信息里添加菜谱、作品与帖子管理中心； 2. 订单模块； 3. 优惠券分两种，店铺优惠券和豆果优惠券； 4. 豆果钱包，通过好友赞赏获得； 5. 家族膳食管理，规划家人的膳食； 6. 积分商场； 7. 采购清单入口较深； 8. 豆果美食会员包月，用户开通会员，购物享折扣。

图 2-182 “下厨房”和“豆果美食”的功能模块对比

码 2-17 蓝湖的操作方法

矢量图层样式：可直接生成图形的颜色、渐变、圆角等样式内容标注。

距离标注：选择距离标注工具，按住鼠标左键拖拽，自动标注出距离。

区域标注：与智能工具中的标注区域工具不同，它需要先使用选择工具然后再按住鼠标左键拖拽出区域，之后自动标注这一区域的长宽。

3. 蓝湖协作工具切图

蓝湖是一款在线协作工具，支持 Adobe Photoshop、Sketch、Adobe XD 等软件，可以在官网下载插件。使用时可以将设计图导入蓝湖平台，然后分享给团队，标注和代码都可以在文件中直接查看。蓝湖切图也非常方便，可批量导出不同倍率的切图文件。

下载 Adobe XD 软件的蓝湖插件，安装成功之后在插件菜单中就能找到 Lanhu。切图的方法是：在图层中，将需要导出切图的对象添加导出标记（图 2-181），之后打开 Lanhu 插件点击上传。在网页中打开蓝湖协作工具，找到上传的页面，选择批量导出切图，蓝湖会以压缩包的形式下载切图到本地。

四、项目步骤

1. “轻食”App 产品需求文档（简版）

“轻食”的产品定位为菜谱类美食 App，因此直接竞品选择同类 App 下厨房、豆果美食两款，间接竞品有小红书、美团等。“轻食”App 主打健康饮食，在菜谱的设计中更注重营养均衡和低碳减脂，并且增加减肥打卡等功能，这是与其他菜谱类美食 App 的最大区别。

“轻食”App 直接竞品“下厨房”和“豆果美食”的功能模块对比分析（图 2-182）：

（1）“轻食”App 用户画像和使用场景

用户 A：王女士，32 岁，白领，平时比较喜欢健身，注重身材和形象，周末会给自己做热量比较低的菜。她使用的菜谱工具就是“轻食”，她经常在菜单里面寻找低热量的菜谱，并且在课堂页面中关注学习、收藏菜谱和课程。

用户 B：李先生，36 岁，是一名美食博主，他的工作就是在各大美食社区平台分享自己的做菜方法。他经常在“轻食”社区上传自己的菜谱，参与活动，发布美食视频，与粉丝积极交流。现在他得到了在“轻食”开课程的资格，有了更稳定的关注群体。

用户 C：刘先生，27 岁，从事销售职位，平均月薪 9000 元。平时经常和客户在餐馆吃饭，也喜欢自己做菜。一次周末朋友来家里做客，刘先生想烧一桌好菜招待他们，忽然想起上次和客户吃的干锅千叶豆腐十分美味，可以用来招待朋友。于是他打开“轻食”，在搜索页面查找菜谱，并将原材料加入购物车，过一会儿所需材料就有人送货上门。

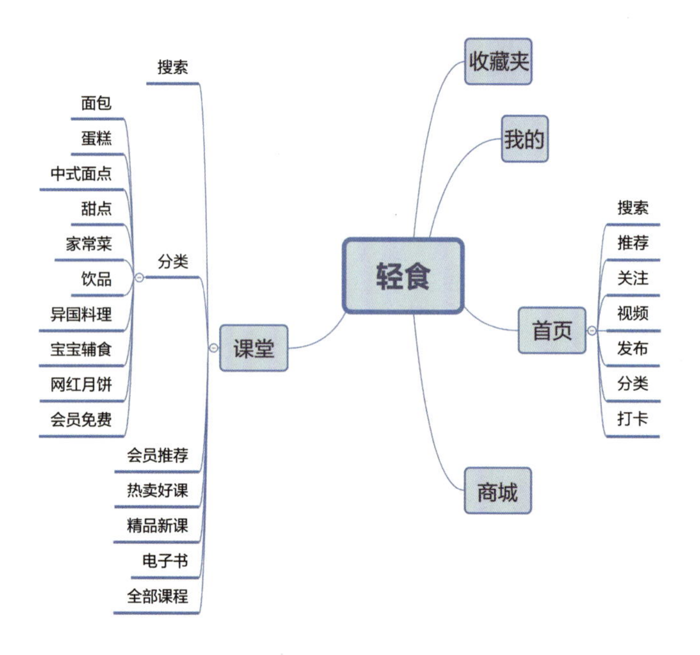

图 2-183 “轻食”App 功能结构图

（2）“轻食”App 功能结构图。

由于教材篇幅限制，我们选 App 中的“课程”页面进行设计，根据竞品分析整理出“轻食”App 的功能结构图。（图 2-183）

2. “轻食”App 界面设计

（1）“轻食”App 线框图搭建

根据之前整理的“课堂”页面功能框架图，完成其线框图的搭建。（图 2-184）

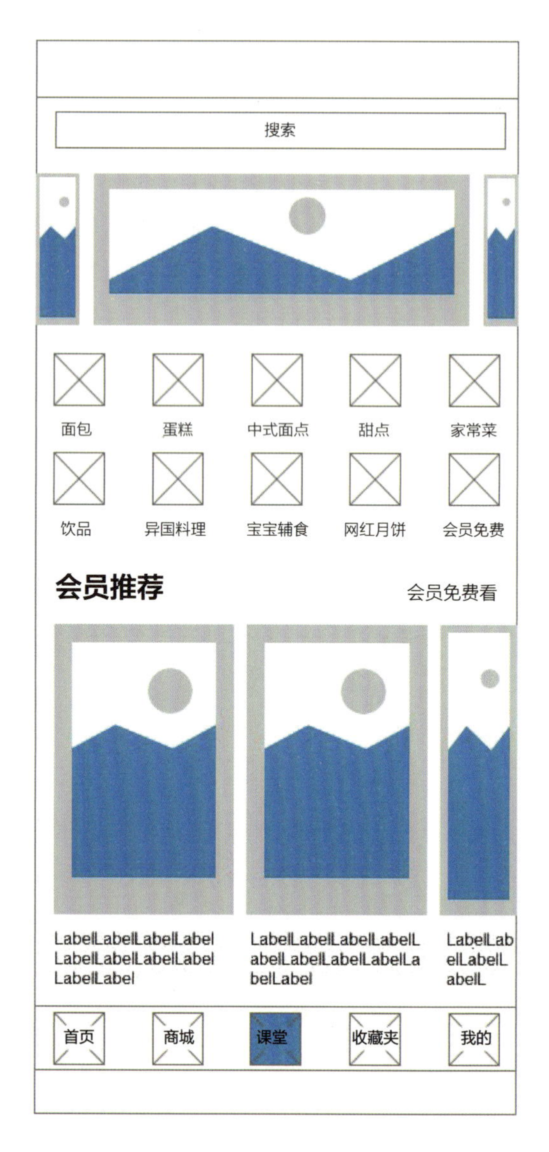

图 2-184 “轻食”App“课堂”页面线框图示例

（2）“轻食”App 视觉元素设置

“轻食”App 的整体风格应该是明快温馨的，背景色设为白色，主色选用绿色，符合健康菜谱的定位。绿色也分很多种，我们可以在一些配色网站上找到符合条件的多种绿色，最终确定一种最适合的。（图 2-185）此次对比之后选择 #CDDC39 这一偏黄绿的颜色作为主色，更温馨，纯度也适中。

图 2-185 不同程度的绿色进行对比

确定主色之后设置辅色，选用明度低一些的绿色和偏绿的灰色作为辅色；有倾向的灰色会使整体色彩更加有层次；强调色直接使用主色。（图 2-186）

图 2-186 “轻食”App 配色方案示例

确定色彩体系之后，开始设计图标组。根据功能框架图可以看出，底部标签栏需要放置五个图标，分别是首页、商城、课堂、收藏夹、我的。因为菜谱类 App 界面的主要构成为图片和视频，文字内容不多，因此图标的风格最好简约干净。（图 2-187）

“课堂”页面有菜系的分类模块，给每一个分类做一个图标，然后规范地排列在页面中，这样既清晰又有设计感。（图 2-188）像这种比较复杂的图标，建议使用专业的矢量绘图软件如 Adobe Illustrator 来做。制作时注意系列图标的大小需要在视觉上相等，风格也要统一。

（3）“轻食”App 原型图设计

根据功能框架和线框图布局，运用色彩和图标元素，设计“课堂”页面的原型图。（图 2-189）

A. 打开 Adobe XD 软件，建立一个 iPhone X 大小的页面，之后将状态栏和主屏指示器放置进来，将设计好的标签栏图标放置到合适位置。注意课堂按钮是点击状态，其他按钮是正常状态。

B. 制作搜索栏。绘制矩形，尺寸为 345px × 34px，圆角半径为 5px，填充辅色 #EFF3ED；绘制搜索图标放置于搜索框内；用文字工具输入文字“搜索感兴趣的课程”。

C. 制作 Banner 轮播图组件：绘制一个矩形，尺寸为 315px × 120px，圆角半径为 5px，填充灰色；复制出两个矩形，放置于画面左右两边；将做好的 Banner 图置入矩形中。（图 2-190）

码 2-18 “轻食”App 原型图制作实例

图 2-187 “轻食”App 标签栏图标示例

图 2-188 “轻食”App 功能图标示例

图 2-189 “轻食”App“课堂”界面设计示例

D. 将金刚区的图标组放置进来，注意图标和文字的距离以及图标和图标的距离，视觉上要规范整齐。

E. 用文字工具输入“会员推荐”，字体苹方，字号为 20 点，字重为 Heavy，颜色 #171717；输入“会员免费看”，字体为苹方，字号为 12 点，字重为 Regular，颜色 #1E824C。

F. 绘制矩形，尺寸为 156px × 244px，填充灰色，去掉边界，圆角半径为 5px；建立重复网格，横向重复三个，间距为 15px。（图 2-191）

G. 将图片放置进重复网格，调整好图片的位置。

H. 绘制“待直播”“直播回看”的标志，放置于图片左上角。

I. 用文字工具输入标题和备注。标题字体为苹方，字号为 14 点，字重为 Regular；备注字体为苹方，字号为 12 点，字重为 Medium。原型图设计完成。（图 2-192）

3. “轻食”App 界面切图与标注

接下来我们使用蓝湖软件制作“课堂”页面的切图，切图时要注意切图文件的图层命名为英文或者拼音，不能有中文命名。

在 Adobe XD 中将所有需要切图的对象图层命名为英文，并且标记为切图，然后点开插件中的蓝湖，上传页面。上传成功之后在蓝湖中将所有的切图选中批量导出，导出格式为 iOS 系统的 1 倍、2 倍、3 倍图的 .PNG 格式。（图 2-193）

图 2-190 “轻食”App“课堂”界面设计步骤（1）

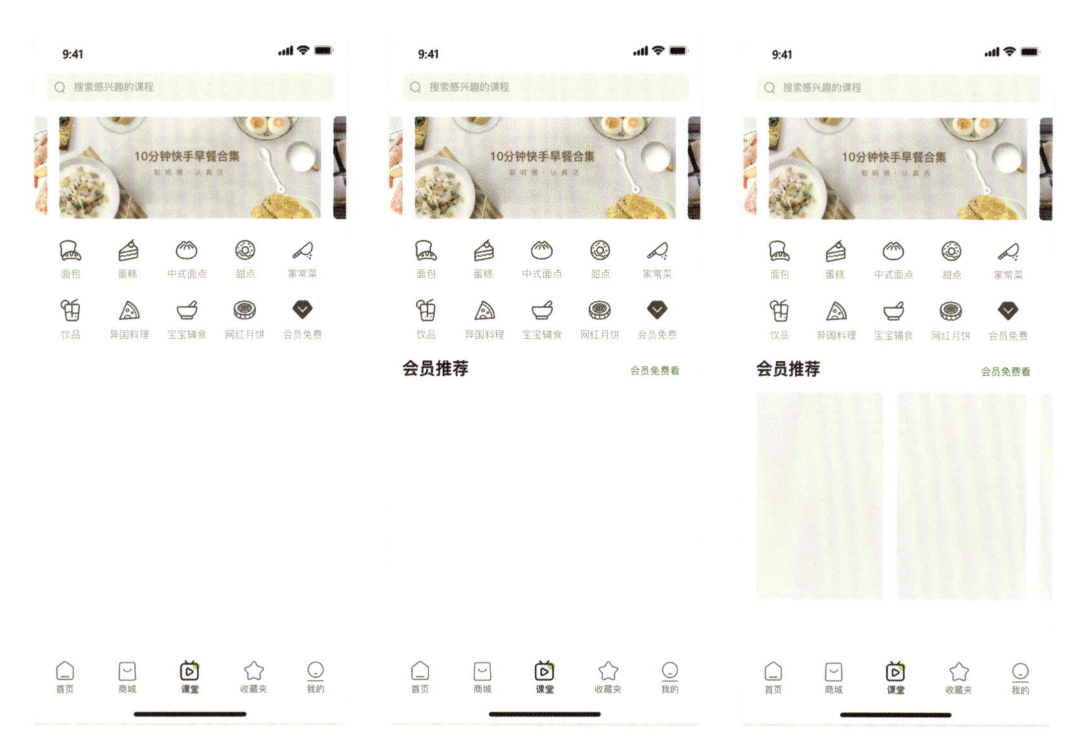

图 2-191 “轻食” App “课堂”界面设计步骤（2）

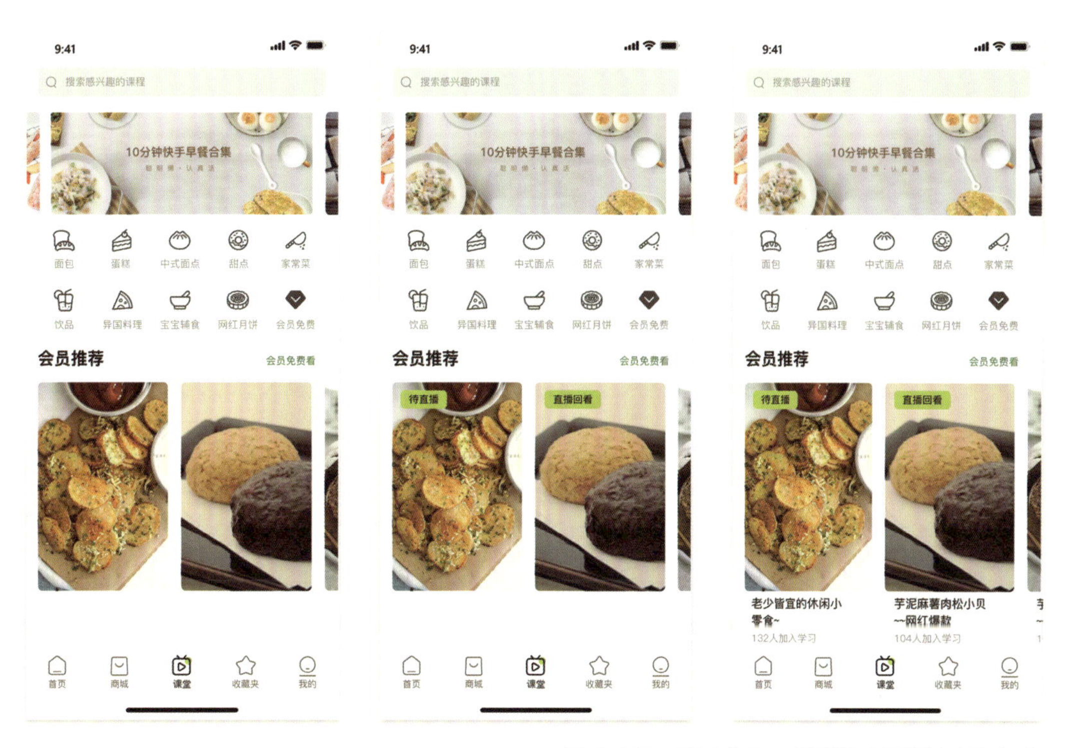

图 2-192 “轻食” App “课堂”界面设计步骤（3）

码 2-19 “轻食” App 界面切图与标注制作实例

图 2-193 蓝湖批量导出切图

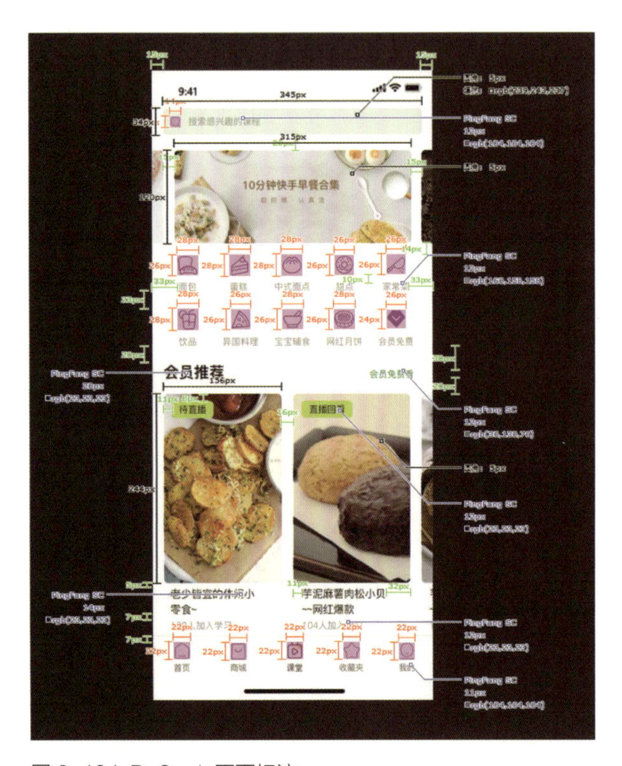

图 2-194 PxCook 页面标注

下面我们使用 PxCook 进行页面标注（图 2-194）。标注时注意不同的标注类型可以用不同的颜色表示，这样看起来会更清晰，如果页面很复杂也可以导出多个标注图，避免太过杂乱无法看清。

五、知识拓展（用户体验研究的理论支撑）

1. 用户体验五要素

互联网设计中经常提到战略层、结构层、表现层等，这是因为我们构建一款产品是从五个要素进行分析的——战略层、范围层、结构层、框架层、表现层从下到上像金字塔一样逐层搭建。只有底层稳固，分析到位，最终的视觉呈现才会是精准的。（图 2-195）

战略层：确定产品目标和用户需求。考虑要做一款什么样的产品和我们的产品满足了用户什么需求，这个层面关乎产品的商业价值，及其业务所能拓展的范围宽度。

范围层：确定产品功能规格和内容需求。包括产品的核心功能、次级功能、功能架构、业务流程设计等模块。这个层级定义了产品为用户提供解决方案及内容的方向。

结构层：为用户设计一个结构化的体验。包括信息架构、常规功能、特色功能、实现情况、用户流程等，这个层面主要是将用户的需求转化为产品需求，体现产品的逻辑。

框架层：确定产品的信息构架、页面布局。包括体验操作，如刷新、页面跳转、查询、交互框架、界面设计、导航设计、标签设计、细节点等，这就是我们常见的设计规范统一所形成的效果。

表现层：确定产品的最终形态。主要包括视觉表现、布局、配色、排版、情感化等，这是我们最熟悉也是最容易看到的模块，可见其重要程度。

兴奋型需求：兴奋型需求是指用户使用时不会首先感受到，而是在不断地挖掘、深入使用时意想不到的一种体验。如果不满足此需求，用户满意度不会降低，但若满足此需求，用户满意度就会大大提升。比如美团外卖中设置的好友拼单功能，就可以帮助参与者快速选择自己想要的菜品，再由发起人同意提交、结算支付，更快捷便利，这样的功能会使用户满意度提升，但是没有也不会觉得不满意。

2. SWOT 分析

SWOT 法则又叫四象限法则，主要针对自身产品来进行分析，梳理产品的优势、劣势、机会、威胁。（图 2-196）但 SWOT 法则只是一种理论，我们用这个理论知识所做出的分析结果，还需要结合实际工作，来梳理出方法和具体操作。

3. KANO 模型

KANO 模型是由东京理科大学教授狩野纪昭（Noriaki Kano）发明的对用户需求进行分类和排序的工具。它通过分析用户对产品功能的满意程度，来确定产品实现过程中的优先级。主要从五个维度进行需求分析。（图 2-197）

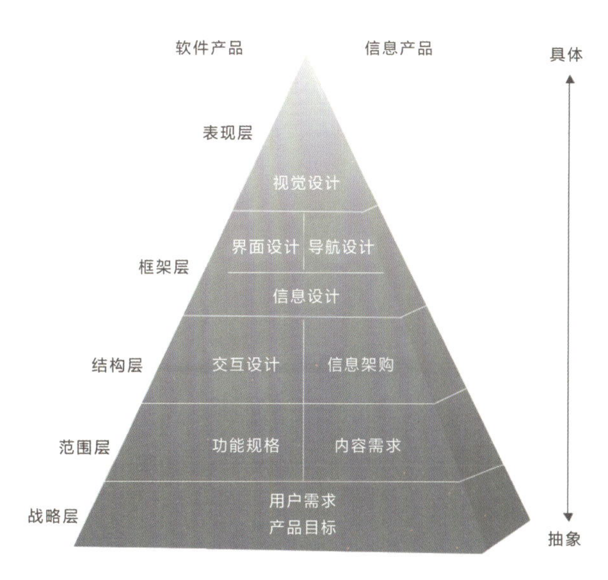

图 2-195 用户体验五要素

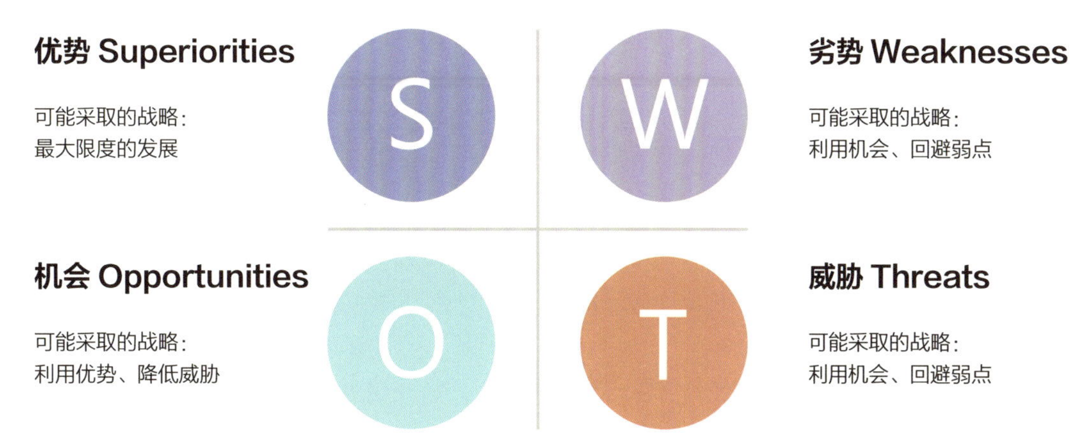

图 2-196 SWOT 四象限分析图

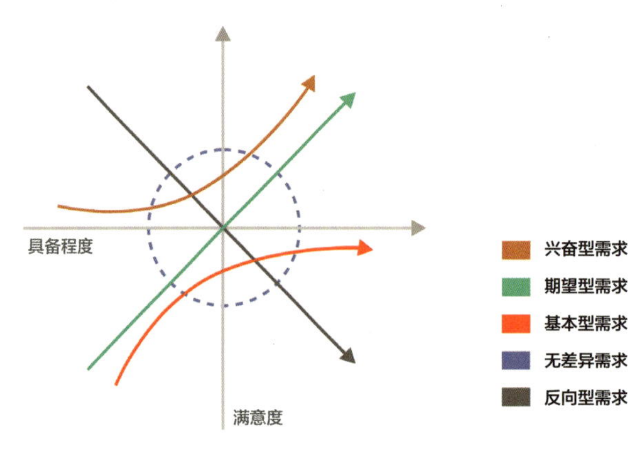

图 2-197 KANO 模型

期望型需求：期望型需求是指如果满足此需求，则用户满意度提升，若不满足此需求，用户满意度会下降。这是用户、竞争对手、企业自身都非常关注的需求，会影响到产品的竞争能力。对于这个需求层面，企业需要多关注、多提高，力争超过竞争对手。

基本型需求：基本型需求是用户最基本的需求，是理所当然被满足的。当不满足此需求时，用户满意度会大大降低，但满足此需求时用户满意度并不会明显提升。比如微信再怎么更新迭代也不会把基本的聊天功能取消，音乐类产品需要能提供足够多的音乐来满足听歌的基本需求。

无差异需求：无差异需求是指用户根本不在意的需求，不管满不满足这类需求，用户的满意度都不会有差别。对于这类需求，企业的做法应该是尽量避免。

反向型需求：用户根本没有此需求，满足后用户满意度反而下降。

总而言之，通过 KANO 模型进行需求分析，需要满足期望型需求、基本型需求，挖掘兴奋型需求，尽量避免无差异需求和反向型需求。

六、思考与练习

练习题一：

根据本项目的学习内容，选择一个感兴趣的 App 类目（如电商类、金融理财类、母婴类、健身类等），以文本文档形式介绍该 App 的主要功能、主要目标人群、参考竞品分析等。

练习题二：

用 XMind 或类似工具，整理该 App 的功能信息框架。

练习题三：

设计该 App 主要页面和主要功能的线框图，完成这些页面的高保真原型图，最后用 Adobe XD 完成页面的交互跳转原型。

CHAPTER 3

—

第三章

PC 端 UI 界面设计项目实战

项目一 企业官方网站设计

PC 端是与移动终端相对应的名词，是指网络世界里可以链接到电脑主机的那个端口，是基于电脑的界面体系。PC 的英文全称是 Personal Computer ，翻译成中文是个人计算机或者个人电脑。广义上讲 PC 端界面设计包含所有应用于电脑的界面，而且这个电脑也不局限于台式机，平板电脑、嵌入式电脑等都包含在内。因此 PC 端的 UI 界面设计类目庞大，比如游戏界面设计、桌面图标设计、软件界面设计、企业官网设计、电商网站设计等。从这一节开始，我们将开始学习基于电脑界面的 UI 设计，从实际工作中应用较多的两个方面进行项目式讲解，首先是企业官网设计，其次是电商平台中的店铺装修设计。

一、项目说明

1. 需求文档

本项目虚拟了一个互联网公司，名为“道勤网络科技有限公司”，主要经营内容为 App 开发、小程序开发、网络产品定制开发、微网站开发、企业 ERP 开发、OA 系统开发等。公司从 2008 年创立，积攒了很多案例，拥有 31 项技术专利，研发团队 40 余人，属于一个中等规模的企业。对于官方网站，希望制作出大气、高科技的感觉，首页需展现其企业文化、案例作品、主要经营内容等。企业的 Slogan“天道酬勤、科技创新”在首页需要着重表现。一级界面分为首页、企业概况、业务板块、案例、新闻中心、诚聘英才、联系我们这几个大类。

2. 网站前端信息框架

本例主要完成官网首页的设计，根据需求文档，整理出首页的信息框架结构图。（图 3-1）

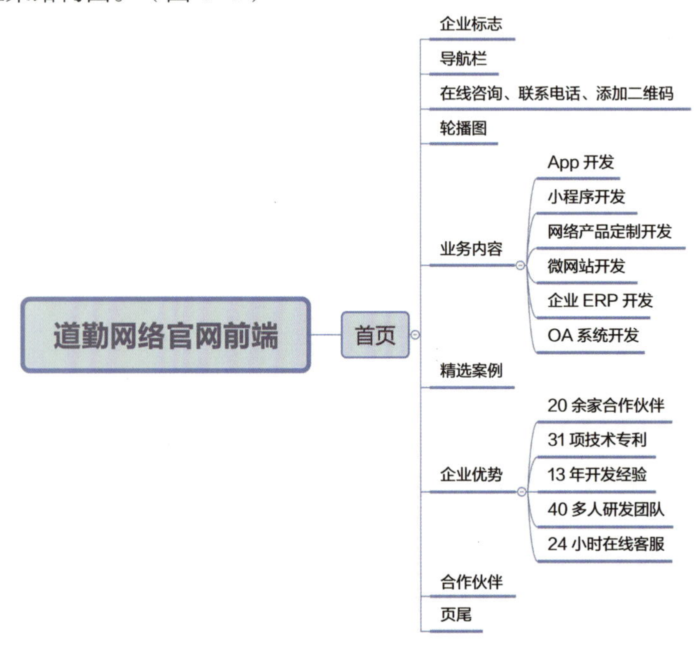

图 3-1 “道勤网络”官网前端首页信息框架结构图

二、知识要点

1. 网页设计规范

（1）网页设计尺寸规范

前面我们了解过符合人机工程学的屏幕比例是 16 ∶ 9，针对这一比例开发出来的电脑屏幕分辨率为 1920px × 1080px，因此在设计网页时，整屏宽度设置为 1920px，高度不限。由于同一页面用不同尺寸的浏览器访问时，宽度不一定能完整地显示，所以我们在设计网页时要考虑有效可视区，主要内容应该在这个范围里设计。有效可视区的宽度一般在 960~1200px，根据项目、客户要求以及用户群决定。（图 3-2）首屏高度为 700~750px，RGB 颜色模式，分辨率为 72dpi。

（2）网页设计字体规范

用于网页中的字体除了 Banner 图、广告图中的文字有可能是特殊字体以外，其他文字基本都用系统字体。中文常用字体有宋体、微软雅黑、华文细黑；英文常用字体有 Arial、Helvetica、Georgia。（图 3-3）

中文字常用字号：导航：14px、16px、18px、20px；正文内容：12px、14px；标题：22px、24px、26px、28px、30px；辅助信息：12px、14px。

英文字常用字号：标题和内容文字为 10~16px；中英文结合最小为 12px；全英文网站最小为 10px（比如底部信息）。

图 3-2 网页中的有效可视区

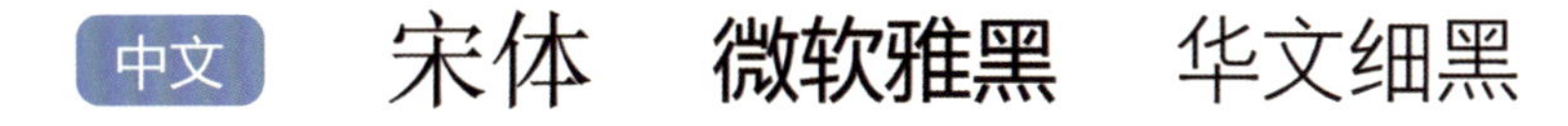

图 3-3 网页设计常用字体

（3）网页页面等级

首页：进入网页中看到的第一个页面，一般包括 Logo、公司名称、导航、Banner、新闻、相关信息、底部信息等。

二级页面：从首页点击进入之后的页面叫作二级页面。

三级页面：从二级页面点击进入的页面。

（4）网页常见板块划分

头部区域：头部区域我们称之为 Top 或 Header，主要包括 Logo、导航、搜索、注册、登录、版本等信息。

主视觉区：主视觉区一般在首屏，紧跟在头部区域下面，这样首页给我们的视觉冲击力才最强，一般用 Banner 轮播图的形式设计。内容可以是展示公司品牌形象、新品宣传、主题活动等的轮播大图。

主要内容区：主要内容区就是网站的核心内容了，可以展示新闻动态、产品与服务、公司介绍等内容。

底部信息区：底部信息区被称为 Footer，一般包括网站地图、联系我们、版权信息、ICP 备案号等信息。

2. UI 设计中的栅格系统

（1）栅格系统的概念与原理

栅格系统英文为 Grid Systems，是一种平面设计的方法与技巧，即运用固定的格子作为参考，设计版面空间布局。运用栅格系统的设计会更工整简洁。网页栅格系统是从平面栅格系统发展而来的。

栅格其实就是给网站创建一个基本的结构，可以想象成网站的骨架，有了这些辅助性线条，我们组织设计元素和信息时就有位置和计划可循。（图 3-4）

栅格还是前端开发协作必要的标注参考，在前端开发过程中，开发者需要对网站的安全宽度（版心）、各设备的响应式宽度，以及不同模块之间、图片文字之间的对齐负责，这些参数需要和设计师的设计稿相符，才能够高度还原设计稿。所以我们设计时，要做好栅格标注，在开发过程中，尽量避免出现尺寸和间距的误差。

栅格系统中有几个名词我们需要了解，“列”指栅格中的一列内容区，“水槽”指列和列之间的宽度也就是间距，“栅格”就是列加上水槽的整体。（图 3-5）

水槽的宽度通常为 4 的倍数，例如 8、16 等，列宽为整数。常见的栅格方法有 6 列、12 列、16 列、18 列等，其中 12 列最为常用，可以满足常见的网页版式分割方式。

（2）常见网页布局类型

了解了栅格系统之后，我们利用这种辅助线进行不同的网页设计，就会出现各种各样的风格和效果，这里列出了几种常见的布局类型。

通栏布局：通栏布局是指将网站的可视区甚至整版宽度都铺满内容，这类网站的视觉效果整体且冲击力强。（图 3-6）

图 3-4 几种利用不同栅格系统的网站

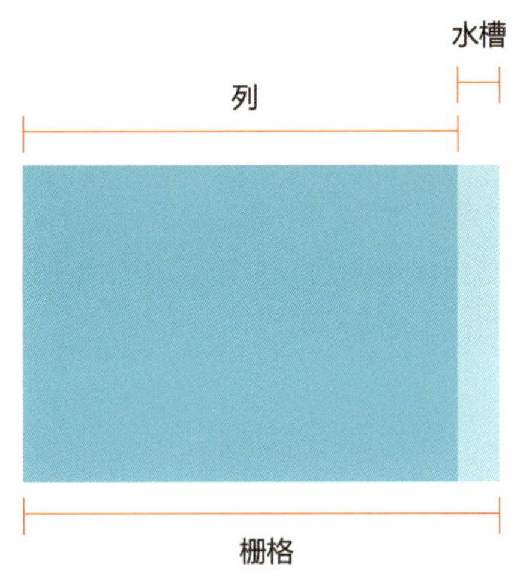

图 3-5 栅格系统中的名词

图 3-6 网页设计之通栏布局

三、技能要点

页面栅格的制作方法主要有两种。

1. 用 Adobe XD 制作页面栅格的方法

（1）新建 Web 1920px×1080px 大小的页面，进入操作界面。

（2）选中操作区中页面左上角的页面名称，调出右侧网格面板。

（3）在网格面板中勾选版面，页面中出现蓝色显示的栅格。

（4）网格面板中的选项分别代表的含义是："列"即设置栅格列数；"间隔宽度"即水槽数值，一般为 4 的倍数；"列宽"即一个栅格列的宽度，一般为偶数；"左右边距"按钮可输入左右数值，例如整个页面宽度是 1920px，可视区为 1200px，则栅格应该在 1200px 区域内制作，左侧留出 360px，右侧留出 360px。

（5）按这样的数值进行设置的网格效果如图 3-10 的左图所示。之后我们就可以在这个栅格辅助下制作线框图和原型图了。

双列布局：双列布局是指左右分为两个模块的布局，可以用来分割一些设计中不同类型的信息，这些信息可以是图片、文字，也可以是视频等。两个模块可以是均等宽度，也可以是一定比例的不同宽度，较小宽度的可以用作侧边栏或辅助项目。（图 3-7）

多列布局：多列布局是使用两列以上的结构，将不同的内容或相同的内容有序组合起来。我们在移动端讲的瀑布流式布局就属于这种。常见于博客、杂志、图片展示等领域。（图 3-8）

模块布局：模块布局是一种综合的布局形式，通栏、双列、多列等布局都可以包含在一个网页中，使其满足不同的模块功能，并且通过视觉设计使页面具有节奏感，可以说是大部分官方网站都在使用的布局形式。（图 3-9）

码 3-1 用 Adobe XD 制作页面栅格的方法

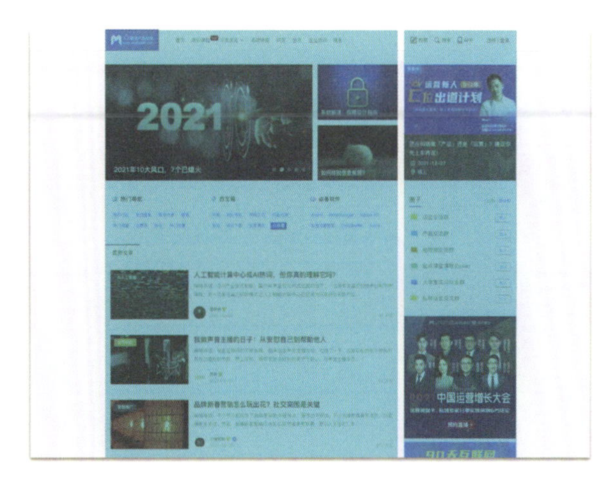

图 3-7 网页设计之双列布局

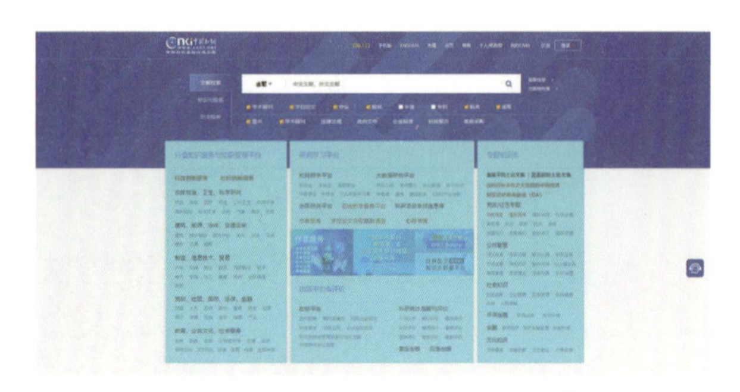

图 3-8 网页设计之多列布局

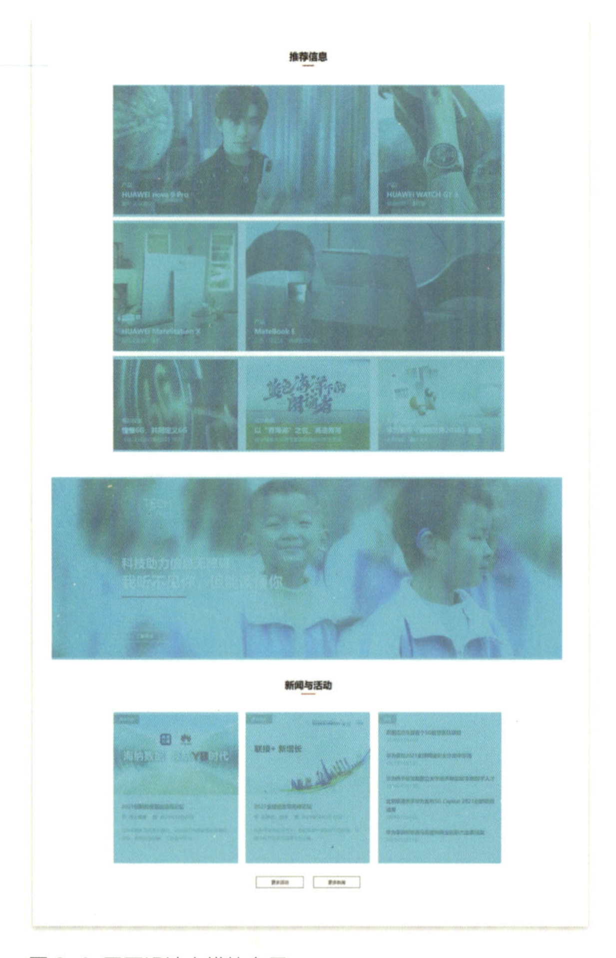

图 3-9 网页设计之模块布局

2. 使用栅格参考网站

这里介绍一个很好用的栅格参考网站 http://grid.guide/，使用时我们只需要在网站中输入宽度、栏数，就会自动生成多种间距和列宽的栅格体系，并且可以下载 .PNG 格式到电脑中。（图 3-11）

四、项目步骤

1. “道勤网络”官网线框图设计

设计线框图是一个可选的工作流程，设计师可以根据具体的项目进行取舍。绘制线框图对我们的工作开展有很多好处，它是一个很好的设计习惯，好的设计习惯能给我们未来的工作创造更多可能。作为视觉设计的一个起点，它能提高后期视觉设计的便利性，提高设计质量。可以灵活地调整整体布局，不会因为复杂的设计元素造成调整过程中的精力浪费。（图 3-12）

2. “道勤网络”官网视觉元素分析

（1）“道勤网络”标志

在实际的官方网站设计项目中，标志一般由客户提供，“道勤网络”标志图形简洁，色彩单一，字体也是充满科技感的无衬线体，整体简洁大气，给人冷静高级的印象。（图 3-13）

（2）“道勤网络”官网配色方案

企业的标志只有无彩色，因此我们可以从行业以及竞品中找到色彩参考。一般印象中科技类公司都偏向蓝色、灰色等冷调色彩，结合“道勤网络”企业的文化和风格，案例选用无彩色的高

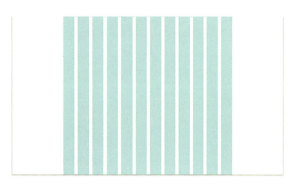

图 3-10 Adobe XD 制作页面栅格

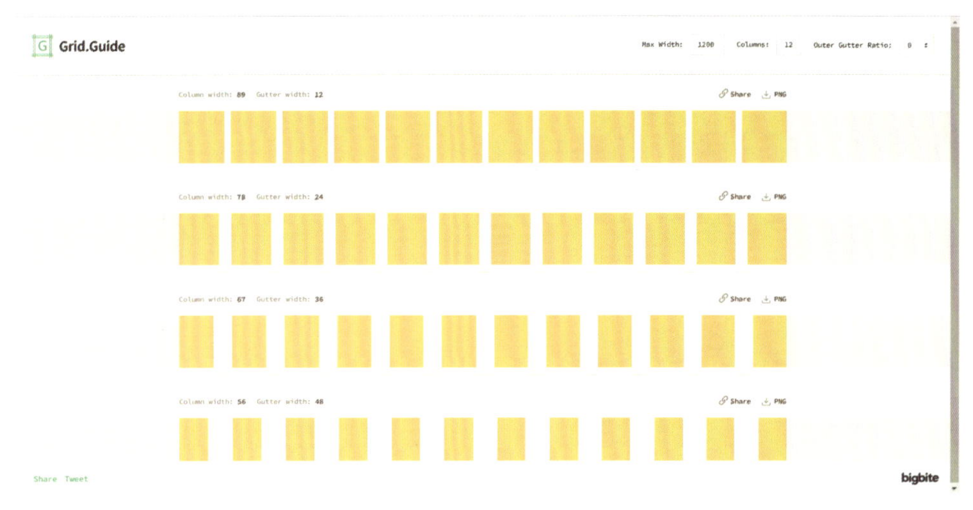

图 3-11 栅格参考网站

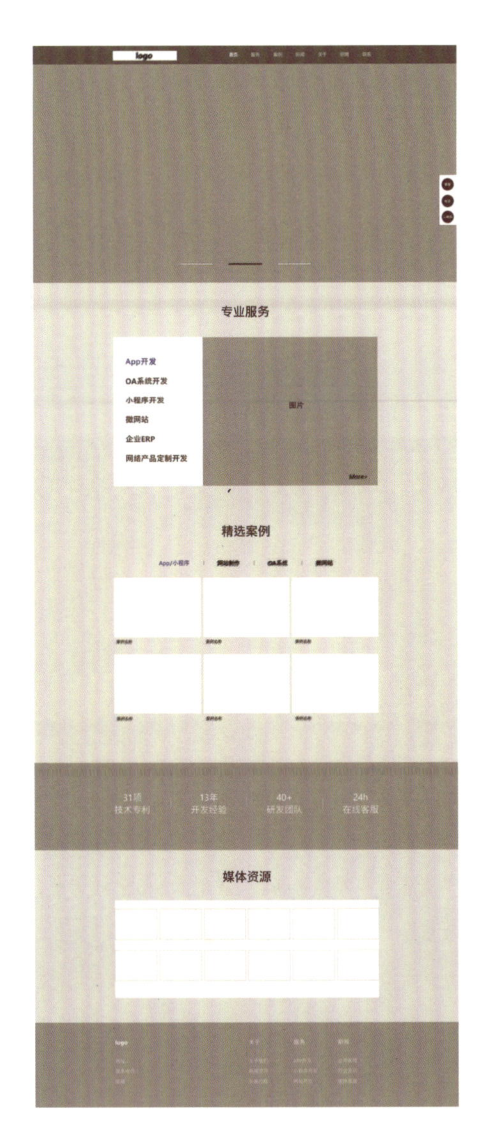

图 3-12 “道勤网络”官网线框图设计示例

级灰配色，主色选用有一定倾向的蓝灰色，辅色运用不同程度的灰色，点缀色使用对比强烈的暖色。（图 3-14）轮播图以及配图色彩也尽量统一，不要太杂乱。

3.“道勤网络”官网原型图设计

（1）首屏模块

A. 首先将 Banner 图放置进来，之后根据 Banner 图的色调和整体色彩体系，提取深蓝色制作导航栏的背景，导航栏高度为 80px，可设置一定的不透明度，使导航栏色彩更通透。

B. 将导航栏的 Logo 和文字信息输入，放置在栅格的栏上，并将首页设置为选中状态，可以将字体变为粗体，也可以更换字体颜色或添加背景色。

码 3-2 “道勤网络”官网原型图制作实例

图 3-13 “道勤网络”标志示例

主色

#073435

辅色

#00D2D9 #D9DADE #FA7224

强调色 文本色

#FA7224 #FFFFFF

图 3-14 “道勤网络”官网配色方案示例

C. 绘制线条制作出下方主屏指示器和左右两边的翻页按钮。

D. 制作悬浮于页面的图标组：客服、电话、二维码，整体编组后设置为滚动时固定位置。（图 3-15）

（2）专业服务和精选案例模块

A. 设置“专业服务”的字体为微软雅黑，字号为 46px，字重为 Regular，英文为专业服务的翻译，字体为 Georgia，字号为 16px，字重为 Regular。

B. 专业服务的模块内容，首先把左侧文字进行字体字号的调整，之后将“App 开发”设计为选中状态。在右侧置入图片，绘制一个矩形填充黑色并放于图片上层，不透明度调整为 50%。

C. 在图片上方输入 App 开发的介绍文字，调整一下排版。

D. 制作选中状态的橘色小横线，还有“More”按钮以及箭头。

E.“精选案例”模块文字的设置与“专业服务”一样，“App/ 小程序”设置为选中状态，下方放置橘色小横线。

F. 将案例图片置入模块，下方输入案例文字，并放置小箭头在下面。（图 3-16）

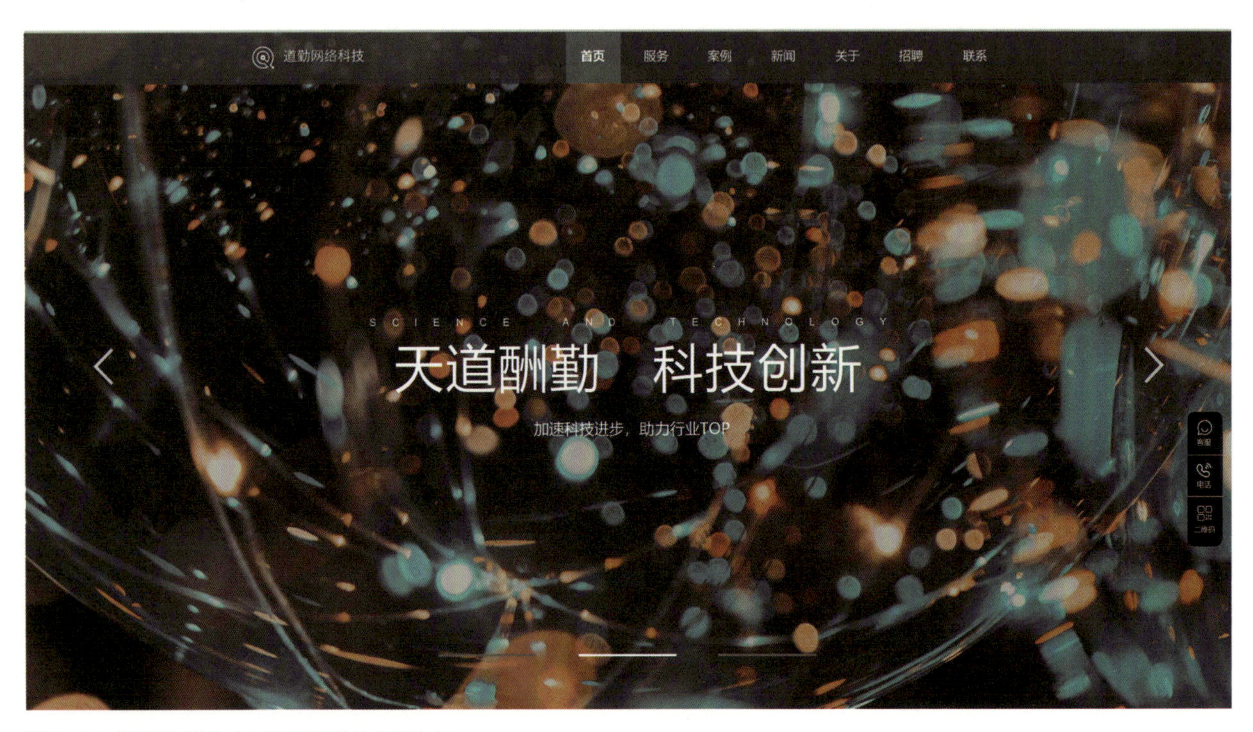

图 3-15 “道勤网络”官网原型图设计步骤（1）

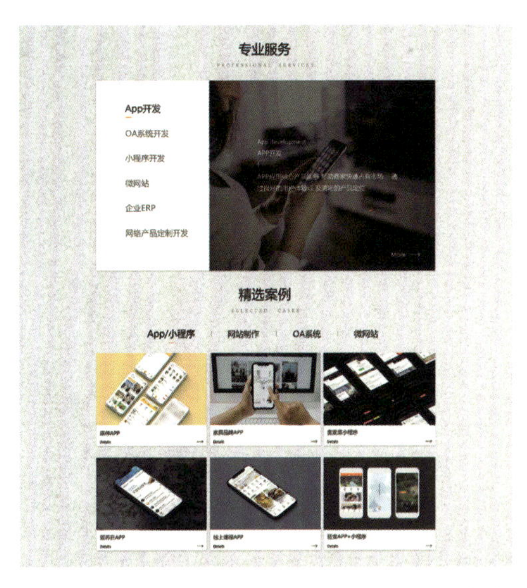

图3-16 “道勤网络”官网原型图设计步骤（2）

图3-17 “道勤网络”官网原型图设计步骤（3）

（3）企业优势、媒体资源、底部信息模块

A.将企业优势的文字进行排版，使数字和文字介绍的设计感更强。

B.“媒体资源”文字设置与“精选案例”一致，模块中的8个格子用栅格做参考，每个媒体标志占3栏栅格。

C.页尾设置为黑色底色，文字字体为微软雅黑，字号为18px，字重为Regular。（图3-17）

五、知识拓展（认识B端与C端）

1.B端与C端的概念

B全称Business。B端是指商家（泛指企业）所使用的产品，通常是为了工作或商业目的而使用的系统型软件、工具或平台。例如京东云、网易云、阿里云、网易有数或企业内部的ERP系统等。

C全称Customer。C端的意思就是消费者（泛指用户）所使用的产品，个人用户或终端用户使用的客户端。例如微信、网易新闻、有道翻译、淘宝等。

2.B端的常见分类

OA（Office Automation，办公自动化）系统：是采用Internet技术，基于工作流概念，使企业内人员方便快捷地共享信息，高效协同工作；它改变过去复杂、低效的手工办公方式，实现迅速、全方位的信息采集、处理，为企业管理和决策提供科学依据。企业实现办公自动化的程度也是衡量其现代化管理的标准。办公自动化不仅兼顾个人办公效率的提高，更重要的是可实现群体协同工作。（图3-18）凭借网络，这种交流与协调几乎可以在瞬间完成。这里所说的群体，可以包括在地理上分布很广，甚至在全球上各个地方，以至于工作时间都不一样的一群工作人员。

ERP系统：ERP是Enterprise Resource Planning（企业资源计划）的简称，是20世纪90年代美国一家IT公司根据当时计算机信息、IT技术发展及企业对供应链管理的需求，预测系统的发展趋势而提出的概念。ERP是针对物资资源管理、人力资源管理、财务资源管理、信息资源管理集成一体化的企业管理软件。它将包含客户/服务构架，使用图形用户接口，应用开放系统制作。除了已有的标准功能，它还包括其他特性，如品质、过程运作管理以及调整报告等。

CRM系统：客户关系管理系统，是以客户数据的管理为核心，利用信息科学技术，实现市场营销、销售、服务等活动自动化，并建立客户信息的收集、管理、分析、利用的系统，帮助企

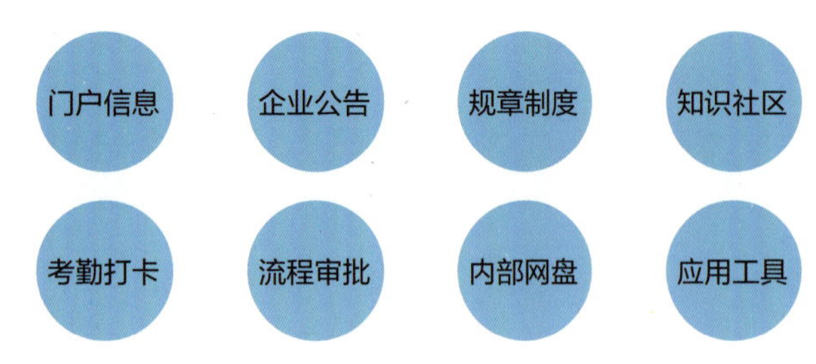

图 3-18 OA 系统包含的一般功能

业实现以客户为中心的管理模式。客户关系管理既是一种管理理念，又是一种软件技术。

SAAS 系统：SAAS 系统是一种通过 Internet 提供软件的模式，厂商将应用软件统一部署在自己的服务器上，客户可以根据自己的实际需求，通过互联网向厂商订购所需的应用软件服务，按订购的服务多少和时间长短向厂商支付费用，并通过互联网获得厂商提供的服务。用户不用再购买软件，而改为租用，且无须对软件进行维护。

3. B 端和 C 端的异同

目标用户不同：C 端面向的是个人用户，服务于每个脱离“企业”场景之外的人，即生活场景。B 端服务企业用户，这个企业可以是一个组织、商家、团队，是某种经营的主体，当然使用者也是“个人”，只不过代表了组织中的某个角色而已。

使用场景不同：C 端适用于碎片时间，讲究操作直接，信息简洁，有娱乐性、社交性和可倾诉性，是为了解决生活上的问题而生，寄生于我们的情绪之中，使用户被产品的情感化设计所折服。B 端则是在固定时间使用，为了工作而使用，更注重严谨的流程设计，数据精准，可以解决工作上的问题，寄生于企业制度之中，被产品的用户体验影响着工作效率。

业务不同：C 端一般有一个核心功能，这体现了产品的特色、定位和调性，再配合多个辅助功能。B 端则是由多个功能组合、嵌套，共同完成一个目标。

产品思维不同：C 端靠流量思维，流量直接影响着经济收益，没有流量的产品只是一个花瓶。B 端靠效率思维，设计目标都是在合理且高效的基础上，让用户舒适地完成整个流程。

面对 C 端的产品，市场上已经非常全面，所需要的设计岗位与人才几近饱和。但对于 B 端来讲，还是有很大发展前景的。对于应用型高校的学生来说，掌握能够真正应用到工作中的知识，能够顺利就业是非常重要的，B 端岗位需求较多，在学习中可以有意地多了解、多积累。

六、思考与练习

练习题一：

根据本项目所学习的 PC 端界面设计方法，找到一个现有品牌的官网，品牌类型不限，对其进行改版设计。用 XMind 整理其网站前端功能框架，搜集同类网站进行竞品分析。

练习题二：

设计练习题一中的网站改版首页和一级页面至少 5 个，要求宽度为 1920px，高度不限，有效可视区宽度为 1200px，根据整理的功能框架搭建线框图，要求设计效果美观，功能合理。

练习题三：

根据练习题二中的线框图，完成网站的原型图设计，使用 Adobe XD 软件，要求设计效果美观，功能合理。

一、项目说明

本项目虚拟了一个售卖盆栽的网店，店铺名称是“Today Flowers”，主要经营多肉盆栽、仙人掌等绿叶植物，多为中型和小型盆栽，可以放置在客厅、茶几、窗台或者书桌等，使居住环境更惬意。店铺标志体现的是现代、自然、清新的风格（图3-19），店铺的整体氛围传达出网店“小而美”的感觉。首页需要体现店铺Slogan——园艺·美学·生活，收藏店铺，商品分类：所有宝贝、多肉盆栽、花盆花器、土壤植料、养护知识、会员中心，Banner，福利活动，精选产品，热卖推荐，新品推荐。

二、知识要点

1. 电商设计页面构成

店铺的首页对于电商来讲很重要，就像我们逛实体店铺，需要看到店面的招牌和橱窗，根据其展示出来的品牌形象和风格气质，决定是否要进去购物。店铺首页的主要功能是展示店铺名称，让买家知道店铺的品牌是什么，主要经营的商品是什么以及商品价格，根据需要可以展示促销活动、关注收藏店铺等。（图3-20）

店铺的风格要根据商品来定位，比如男士用品、化妆品、宠物用品这种大的类目一般有明确的风格，即使想要特立独行的界面设计，也还是要注意大众的审美印象与期待。所以在首页的设计中，找准自己的风格并不断延续、加深其在买家心中的品牌印象，是很有必要的。在首页中也不要将所有产品都展示出来，首页太长或者产品太多反而让买家向下翻动时有疲惫感，大概只展示20%的主要产品，剩下的80%在全部宝贝列表中展示即可。

图3-19 多肉植物网店Logo示例

图3-20 实体店铺与电商店铺

首页设计的内容一般由五部分组成：店招、Banner、促销区、产品分类、页尾。（图 3-21）

店招就是店铺的招牌，可以体现店铺的名称、品牌 Logo 或者促销信息，是很好的广告位，还有店铺分类引导、产品搜索等功能，注意分类尽量不要多于 8 个。（图 3-22）

Banner 的主要作用是产品形象展示、店铺活动宣传等。Banner 的设计往往很能体现店铺的风格，是设计师首页设计的工作重点，一般在 1~3 张，不需要太多。（图 3-23）

促销区一般显示优惠券满减等信息，或者打折等优惠活动。文字信息需要设计得有形式感，一般放大数字，优惠活动的说明要写清楚，避免有歧义。（图 3-24）

产品橱窗展示可以对产品进行分类，整合价格、销量、折扣等信息，在橱窗分类的交界处可以插入海报或者其他信息，这样既可以宣传产品又能使页面美观不单调。产品价格等信息可以做一些特别的设计，增强形式感。（图 3-25）

不同电商平台对店铺首页的尺寸要求不同，在实际工作中，我们需要根据平台公布的上传要求来具体设计。以淘宝平台 PC 端为例：首页宽度为 1920px，高度不限；店招为 1920px × 120px；导航区为 1920px × 30px；Banner 的高度一般在 900px 以内。要注意淘宝 C 店与天猫旗舰店的店招展示区域不同，淘宝 C 店展示区宽 950px，天猫旗舰店宽 990px。

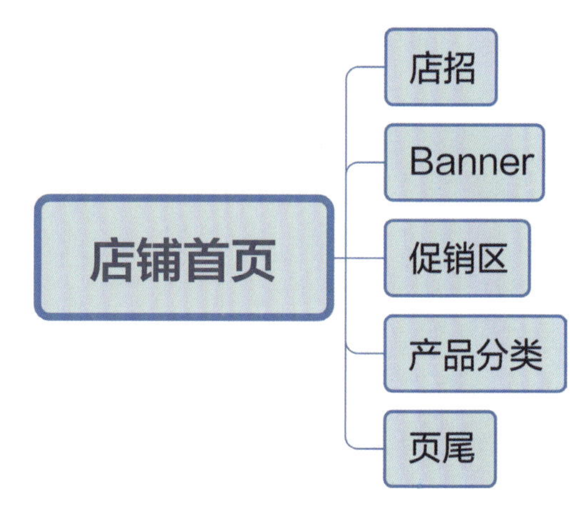

图 3-21 电商首页的一般构成

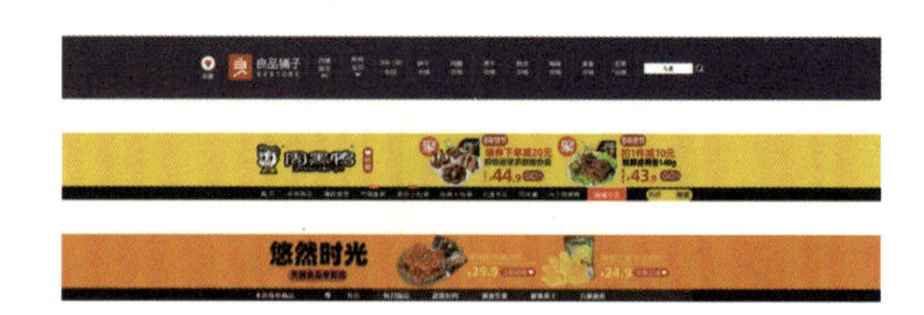

图 3-22 电商中的店招

图 3-23 电商中的 Banner

图 3-24 电商中的优惠信息区域

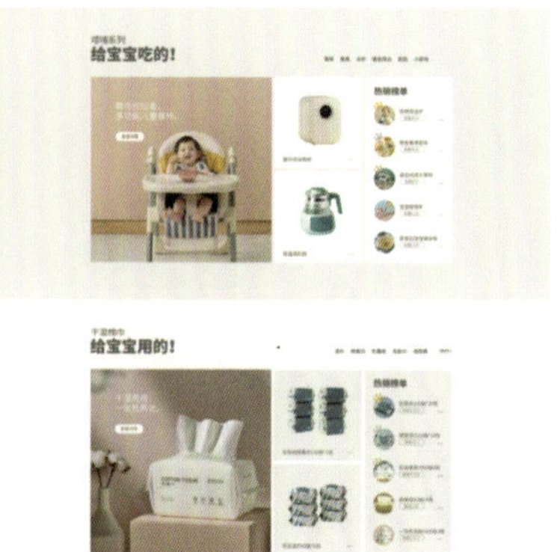

图 3-25 电商中的产品橱窗区域

2. Banner 设计

Banner 在电商中通常指横幅广告，用于更好地宣传产品，促使消费者进行点击，产生购买的行为，因此 Banner 的设计初衷应该是被点击。Banner 在移动端的界面设计中可以理解为最高视觉层级的功能或活动入口。在设计 Banner 时，通常要考虑其所占面积较大，视觉上要能够吸引用户的眼球，因此会运用一些富有设计感的色彩、字体等元素。

Banner 的组成要素一般有五个：背景、产品、文字、元素、颜色。只要能把这些要素围绕一个主题融合在一起，让版面在达到表意目的的同时保持画面整体和谐，就是一个好的 Banner 作品。当然，这些元素并不一定在每一个 Banner 中都会出现。（图 3-26）

图 3-26 Banner 的组成要素

Banner 的背景常用的有场景背景、图形背景、颜色背景。（图 3-27）使用场景背景，可以更好地渲染画面氛围，有更强的代入感。图形背景的 Banner 有更强的设计感，其利用点线面等设计思维，营造出更有创意的效果。颜色背景则一般采用分割的色块、纯色、渐变色等来作背景，有较强的包容性，也容易营造高级感。

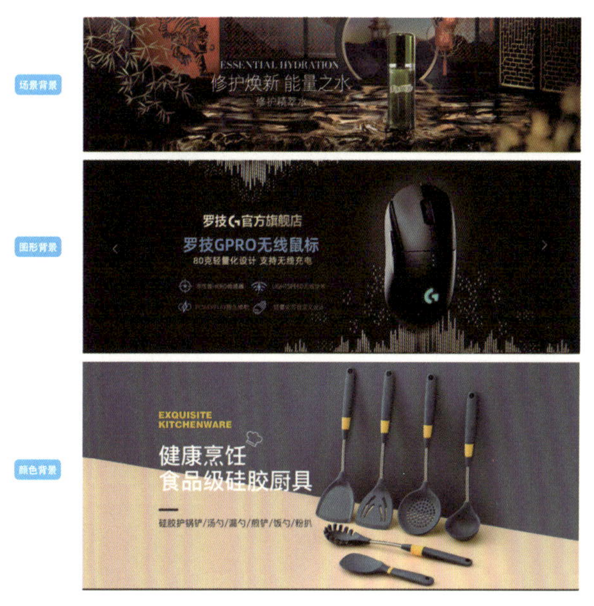

图 3-27 Banner 设计常用的背景形式

Banner 的文字一定要精练，不要冗长。当文案过长时，可以分为两行排列，同时注意一行文字不超过 9 个，如此可以使用户一眼就看到 Banner 所传播的主题信息，并且加深用户对产品的印象。Banner 中的字体可以直接用免费可商用的字体，或者购买字体版权，也可以做一些特别的字体设计，以使整体的氛围感更强。（图 3-28）

图 3-28 Banner 设计中的文字

和所有的视觉设计一样，Banner 的设计需要考虑色彩的和谐、色彩的情绪表达等。暖色会给人热闹、过年、促销等心理暗示，冷色则给人冷静、高级、清凉等感受。根据不同的设计需求，首先确定 Banner 的主色，然后再设计点缀色，搭配不同明度与纯度的近似色，或者使用不同肌理来拉开层次感，是最基本的设计方法。（图 3-29）

图 3-29 Banner 设计中的颜色

三、技能要点（Banner 制作实例）

1. Banner 制作要求

本案例制作了一个店铺活动 Banner，为迎合过年期间的平台活动，设计需要体现节日的热闹气氛。（图 3-30）

图 3-30 Banner 设计示例

设计前需根据活动主题要求，搜集相关的素材资料。活动要体现过年的节日气氛，所以主色可选择红色或黄色，主要设计元素可以有灯笼、折扇、中国风的图形等。素材尽量在正规的素材网站购买，避免版权纠纷。

图 3-31 “多肉盆栽”店铺 Banner 设计步骤（1）

2. Banner 制作步骤

（1）在 Adobe Photoshop 软件中，新建一个 1920px × 650px 的画布，分辨率为 72dpi。将背景素材置入，调整到合适的位置。（图 3-31）

（2）打开多肉盆栽的图片，用钢笔工具描出多肉盆栽的轮廓，将盆栽从背景中抠出来。将抠出来的盆栽图片放置进 Banner 文件中，调整到合适位置。新建图层放置于盆栽图层下方，用画笔工具画出一些投影，使整体效果真实一些。（图 3-32）

图 3-32 “多肉盆栽”店铺 Banner 设计步骤（2）

（3）使用文字工具，在画面中单击，输入文字“多肉狂欢季”，设置为锐字真言免费体，字号 115 点左右。双击文字图层进入图层样式面板，设置斜面和浮雕、渐变叠加、投影。（图 3-33）

（4）使用圆角矩形工具，绘制两个圆角矩形，进行相加运算，得到一个中式的图形。图形填充颜色为 #047075，双击进入图层样式，设置描边和内发光。（图 3-34）

（5）用相似的方法制作第二层图形，并设置图层样式，参数和第一层图形类似。（图 3-35）

（6）复制第二层图形，清除图层样式，调整为填充颜色无，描边红色、3 像素粗细。设置图层样式为渐变叠加和投影。（图 3-36）

码 3-3 Banner 制作实例

图 3-33 “多肉盆栽”店铺 Banner 设计步骤（3）

图 3-34 “多肉盆栽”店铺 Banner 设计步骤（4）

图 3-35 “多肉盆栽”店铺 Banner 设计步骤（5）

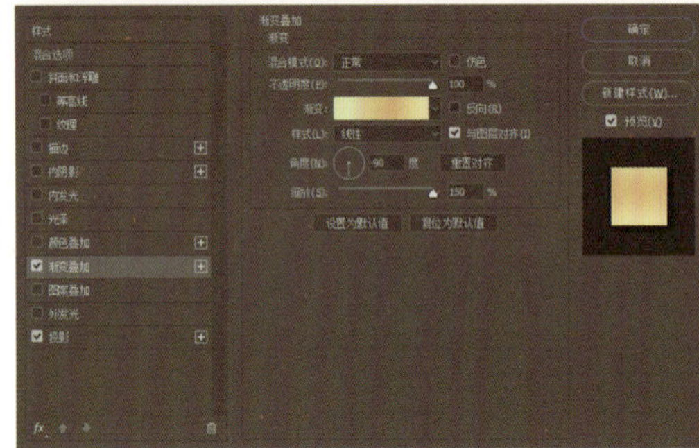

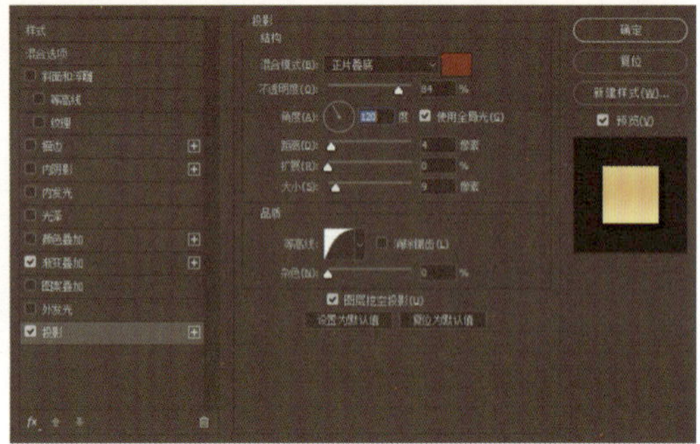

图 3-36 “多肉盆栽”店铺 Banner 设计步骤（6）

（7）置入祥云素材，复制第（6）步的图层样式，将其粘贴到祥云图层。（图 3-37）

（8）绘制圆形并复制 5 个，设置描边和渐变叠加。（图 3-38）

（9）输入文案文字“好运多财运多”“爱上多肉，时光不语，一场相伴，一世念安！”，字体为思源黑体，颜色编码为 #fffeed。（图 3-39）

（10）置入帷幔和灯笼等素材，利用图像—调整命令调整色阶、曲线等，注意灯笼和帷幔的前后关系应尽量符合真实的光影关系。（图 3-40）

图3-37 “多肉盆栽”店铺Banner设计步骤（7）

图3-38 “多肉盆栽”店铺Banner设计步骤（8）

图3-39 “多肉盆栽”店铺Banner设计步骤（9）

图3-40 “多肉盆栽”店铺Banner设计步骤（10）

四、项目步骤（“多肉盆栽”店铺首页设计）

根据项目说明中店铺的风格定位，店铺首页应该营造出清新自然、美好生活的氛围，Banner 也应尽量符合这一定位。首页中所需的产品图片和卖点文案在着手设计之前应该整理好，所需的设计素材也根据店铺风格在素材网站中搜集或者自己绘制好。这些准备工作都做完，我们就可以将首页进行整体布局，也就是绘制线框图。

本案例按照淘宝 C 店的 PC 端店铺尺寸来进行设计，使用 Adobe Photoshop 软件。接下来介绍简要的设计步骤，具体设计方法可以参考项目源文件。（图 3-41）

打开软件，新建文件，宽 1920px，高度暂时定为 4000px，分辨率为 72dpi。执行视图—新建参考线命令，设置水平方向位置 120 像素，垂直方向位置 485 像素和 1435 像素，这三条辅助线和页面顶部所围出来的中心区域就是店招的安全区域，可以放置店铺的 Logo 和促销信息。

继续执行视图—新建参考线命令，设置水平方向位置 150 像素，与之前建立的水平方向位置 120 像素的参考线的中间距离为 30 像素，这个中间区域就是店铺的导航区域。绘制矩形，尺寸为 1920px × 30px，添加颜色 #079db6。在垂直的两个辅助线中间的安全区域内输入导航文字内容，字体为思源黑体 CN，字号 15px。（图 3-42）

置入 Banner 图片。建议 Banner 在单独文件中设计，然后在首页源文件中置入 .jpeg 格式的 Banner 图片，这样可以避免首页源文件太大，运行速度慢。

码 3-4 “多肉盆栽”店铺首页制作实例

图 3-41 “多肉盆栽”店铺首页设计示例

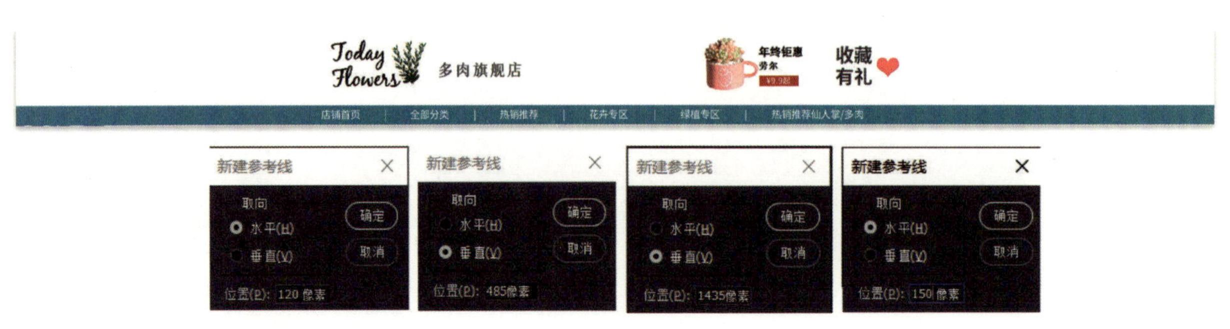

图 3-42 “多肉盆栽”店铺首页设计步骤（1）

图3-43 “多肉盆栽”店铺首页设计步骤（2）

满减活动区域可以设计得有形式感一些，符合店铺整体风格。画布长度不够则可随着内容的增加逐渐拉长。（图3-43）

图3-44 “多肉盆栽”店铺首页设计步骤（3）

接下来的分类导航、精选产品、爆款专区等栏目，运用的是比较灵活的排版方式，产品图片之间有部分遮挡、叠加的关系，更加吸引买家的注意力。（图3-44）

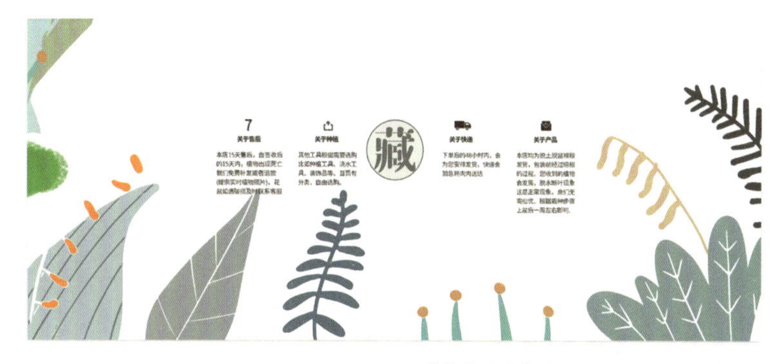

图3-45 “多肉盆栽”店铺首页设计步骤（4）

页尾一般放置店铺收藏、快递、售后等信息，背景的处理应该从上到下统一，并且在页尾处更加强调整体氛围。（图3-45）

五、知识拓展

1. 电商首页常见的视觉风格

（1）极简风

极简风的首页设计给人的视觉感受一般是高冷、简洁、距离感、留白、格调，适用于中高端、有品质感、有强烈自我风格的品牌。（图3-46）

（2）琳琅满目风

利用仿真的图形，制作出类似货架摆放商品的景象，营造热闹、产品多、活动、节日等氛围，适用于食品、调味品、日用品、小商品等，客单价不宜过高。（图3-47）

（3）天然风

尽可能使用纯天然的元素，体现自然、淳朴、接地气的感觉，具有明显的地域气息，中低端产品居多，适用于土特产食品、工厂店等。（图3-48）

图 3-46 电商首页视觉风格之极简风

图 3-47 电商首页视觉风格之琳琅满目风

图 3-48 电商首页视觉风格之天然风

图3-49 电商首页视觉风格之复古风

（4）复古风

形式感强，色彩浮夸艳丽。波普风、赛博朋克风、港普风等近几年比较流行，适用于活动页面，或者超现实主义等类目。（图3-49）

（5）中国风

近年来中国风兴起，各种形式的中国风首页作品层出不穷，主要表现的是东方气息以及中国传统的文化内涵，适用于产品本身带有较强的民族特点的品牌，比如民族乐器、文房四宝等。（图3-50）

（6）立体风

随着平面设计立体化、动态化发展，立体风的首页设计越来越常见，2.5D视觉效果、3D视觉效果都会带来更炫酷的视觉感受，也会比平面的画面更具有层次感。立体风适合于任何产品类目，活动页面做成立体风的比较多。（图3-51）

图3-50 电商首页视觉风格之中国风

图3-51 电商首页视觉风格之立体风

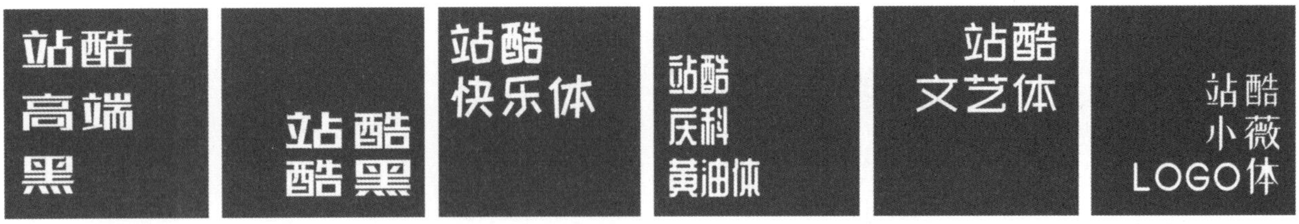

图 3-52 站酷高端黑、站酷酷黑、站酷快乐体、站酷庆科黄油体、站酷文艺体、站酷小薇 LOGO 体

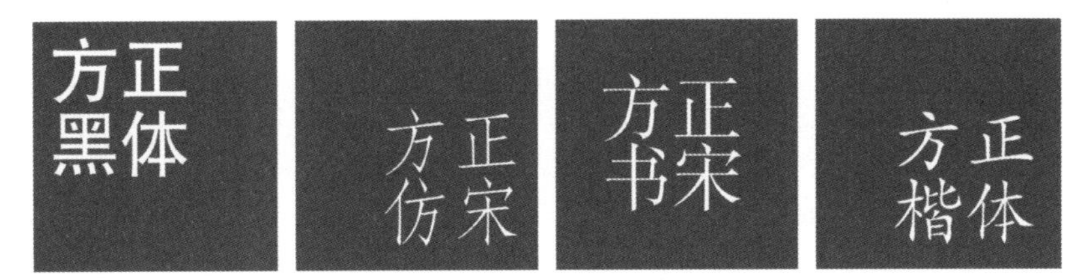

图 3-53 方正黑体、方正仿宋、方正书宋、方正楷体

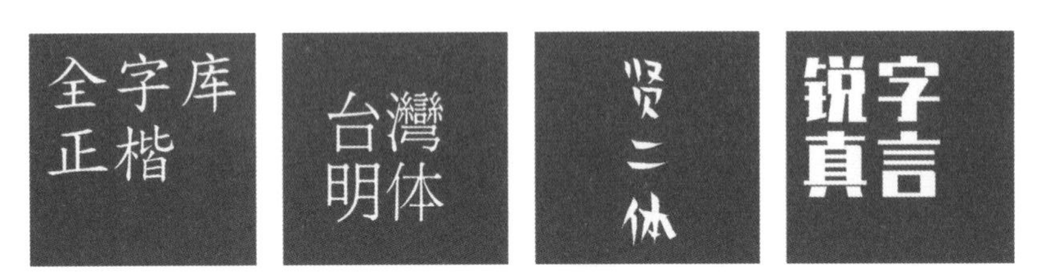

图 3-54 全字库正楷、台湾明体、贤二体、锐字真言

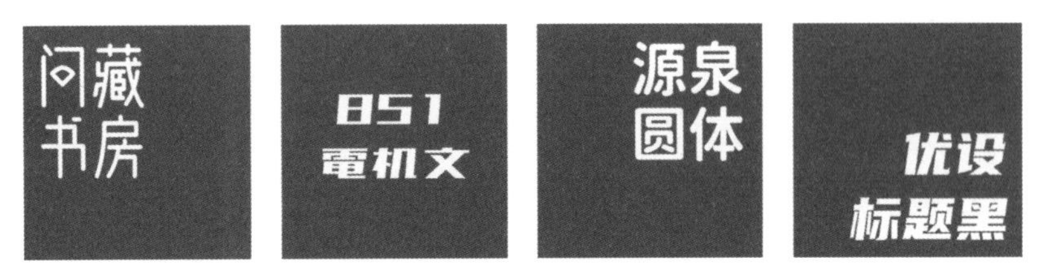

图 3-55 问藏书房、851 电机文、源泉圆体、优设标题黑

2. 一些免费可商用字体

设计师在做设计时，一定要有版权意识，比如下载的素材，尽量通过正规途径购买，使用字体也要考虑是否可以免费商用，避免使用后产生经济上的纠纷。在这里总结了几套适合电商设计使用的免费可商用字体，安装包在配套素材中可以下载。（图 3-52 至图 3-58）

图 3-56 思源黑体、思源宋体

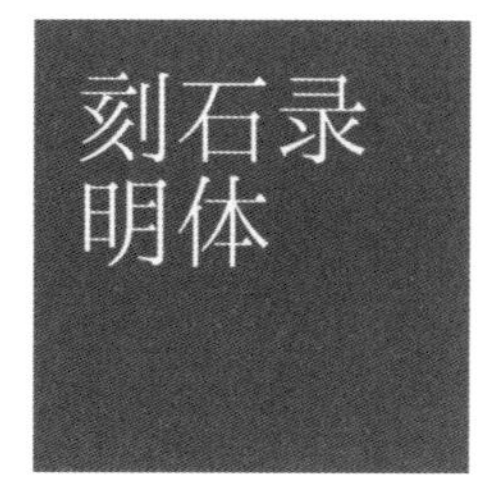

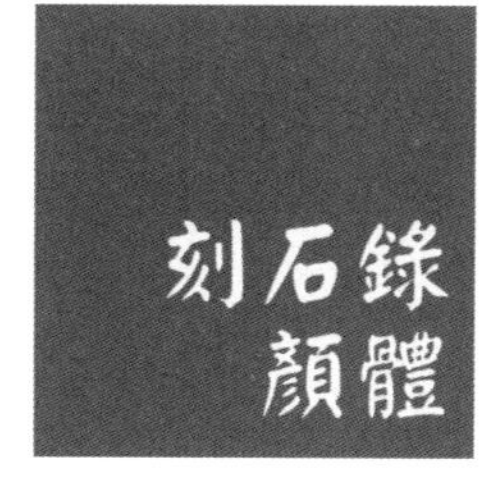

图 3-57 刻石录钢笔鹤体、刻石录明体、刻石录颜体

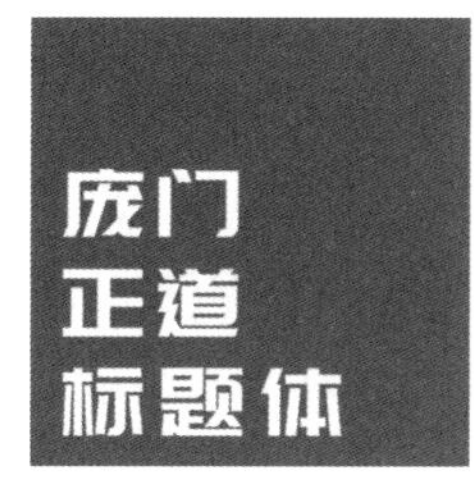

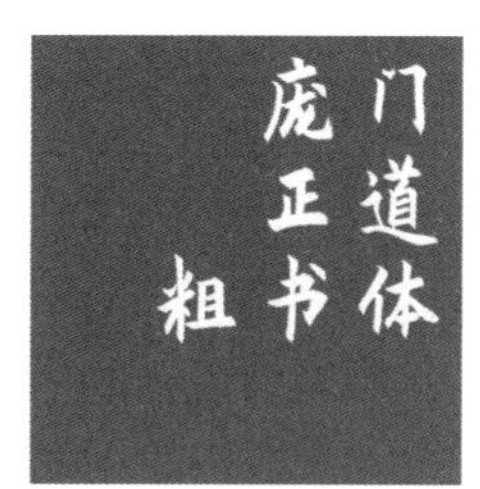

图 3-58 庞门正道标题体、庞门正道粗书体、庞门正道轻松体

以上字体在笔者编写本书时是免费可商用的，为了安全起见，在商业使用前建议先登录字体官网，查询字体是否还在免费使用状态中。

六、思考与练习

自选一个电商类目的现有品牌，或者创造一个品牌，完成其店铺首页的设计。要求产品图片和卖点文案条理清晰，风格明确，美观整洁。尺寸等规范以淘宝 PC 端为准，Banner 图不少于 3 张，首页整体不少于 4 屏。

一、项目说明

本项目的任务是设计一款多肉盆栽的详情页。风格延续项目二中店铺首页的清新、自然、有格调的感觉。卖点文案：云南种植，品相出众，店铺服务好，可以提供养护指导，如果植物损坏免费邮寄，如果植物一个月内死亡免费补寄。要求符合详情页设计规范，长度不少于 5 屏。案例产品图都是网上下载的，仅供教学使用。

二、知识要点

1. 电商详情页概述

电商详情页是指电商平台的卖家所出售商品的介绍页面，在店铺的装修设计中非常重要。详情页要把卖点灌输给买家，用各种方法让买家相信商家所售产品是好的产品，是自己所需要的产品，是比别的同类产品更适合的产品，这样买家就可能在页面的视觉渲染下产生购买行为。买家在页面中的停留时间会被电商后台监测，停留时间越长，说明对这个产品的兴趣越大。买家浏览页面之后付款购买这个步骤，就是转化；买家浏览详情页之后退出页面，叫作跳失。提高店铺的转化率，降低跳失率，是每个店铺卖家都希望的结果。同时，详情页的设计还需要抓住买家的心理，让买家更理性地购买，减少退款率。

关于详情页的尺寸，不同电商平台有不同的要求，我们可以设计成宽度为 750px，高度不限，但是一屏高度大概在 1200px。一般详情页不少于 4 屏，但是也不要太长，控制在 8~10 屏比较好。

2. 电商详情页营销逻辑框架

商品详情页的结构大体可以分为四个模块：商品信息模块，关联营销模块，产品详情描述模块，售后保障模块。（图 3-59）商品信息模块的目的就是让买家直观地看到产品是什么样子的，即产品的整体外观、颜色、尺寸等参数，让买家可以做最基本的筛选。关联营销模块介绍店铺的优惠活动，比如满减、领券等，还有相关产品的优惠活动介绍，比如买两件打折、买赠活动，等等。产品详情描述模块最为重要，这里我们需要剖析卖点，分析优势、特色、痛点，然后将这

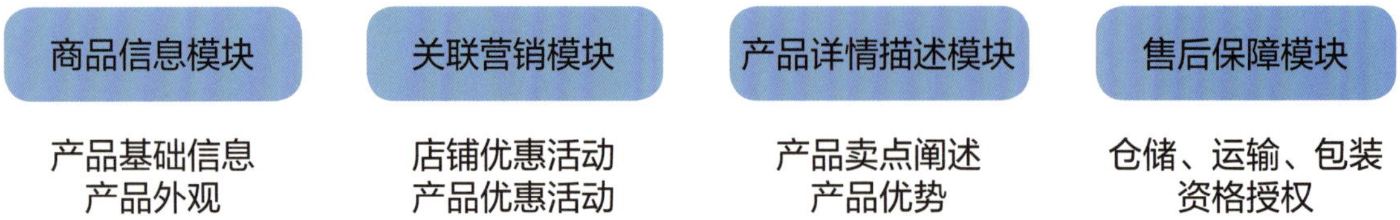

商品信息模块	关联营销模块	产品详情描述模块	售后保障模块
产品基础信息 产品外观	店铺优惠活动 产品优惠活动	产品卖点阐述 产品优势	仓储、运输、包装 资格授权

图 3-59 商品详情页基本结构

些概念进行可视化的设计，使买家可以清晰地看到并直观地感受到。售后保障模块则需要打消买家疑虑，促成购买行为，比如买了之后能不能退，有没有什么保障，发货速度怎么样，有没有客服售后服务等。

不论是 PC 端还是移动端，详情页都是上下滑动的形式，因此我们都采用长图设计。设计的框架根据详情页结构来展开，从上到下可以是关联营销、产品海报、产品卖点总结、消费者痛点、产品卖点阐述、资质认证 / 证书、细节展示、实拍展示、参数、包装等。（图 3-60）当然，这只是比较常规的框架，不同的产品有不同的特点，侧重点也不同，具体表现哪些框架内容要根据产品需求来调整。

详情页的首屏通常用海报的形式展示，也叫作详情海报，这是详情页设计的重中之重。详情海报表现形式多样，常用的表现手法有场景拍摄、手绘、3D 建模、图片合成。（图 3-61）这四种表现手法各有特点，可根据设计师的能力和商品的需求来选择，但是要注意，首屏海报的风格将会奠定详情页整体的风格和色调，因此设计详情海报时需要考虑详情页整体。

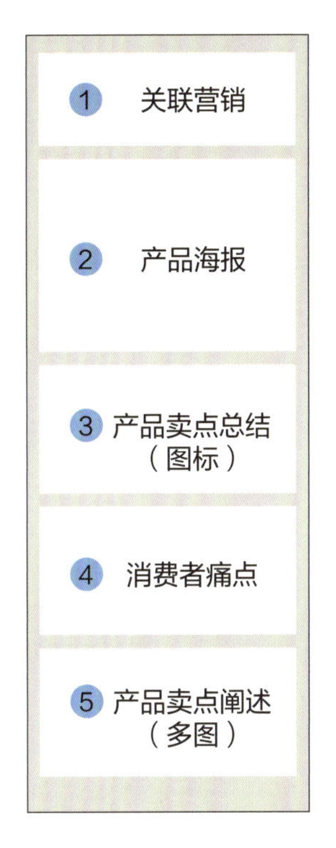

图 3-60 详情页常用框架结构

场景拍摄

手绘

3D 建模

图片合成

图 3-61 详情海报的不同类型

三、技能要点

在电商类设计的工作中，经常需要将不同的素材拼合到一起，以满足我们的设计需求。因此，素材图片的处理能力非常重要，处理的原则是尽量符合透视、色调、结构等关系，使消费者尽可能感觉到真实不突兀。下文运用案例介绍几种常见的图片处理方法，使用软件为 Adobe Photoshop。

1. 通道抠图

图像去底时，遇到不透明物体，或者边缘很复杂的情况，通道抠图是很好的解决方法。通道是记录和保存信息的载体，无论是颜色信息还是选择信息，Adobe Photoshop 都将它们保存在通道中。因此，调整图像的过程，实质上是一个改变通道的过程。单通道中的颜色都是黑白的，代表的是该色在图像中的分布位置及数量多少。利用通道进行抠图的思路是：在通道中将需要保留的图像色彩变为白色或各种层级的灰色，将需要抠掉的图像变为黑色，尽可能地加以区分，之后利用通道建立选区，就会将不透明以及复杂的边缘也都选中了。

通道基本操作：

（1）新建通道：使用通道面板下方的图标或者通道面板菜单的“新建通道”命令可创建新通道（Alpha 通道）。

（2）复制通道：选择单独的通道，单击鼠标右键，选择“复制通道”命令，可复制出选中通道的一个副本。

（3）通道计算：执行“图像”菜单下的“计算”命令，通过对现有通道的运算可得到新的通道。

（4）将通道作为选区载入：选中通道后单击通道面板最下方左边的按钮，通道中除纯黑色以外的区域会被选中。（图 3-62）

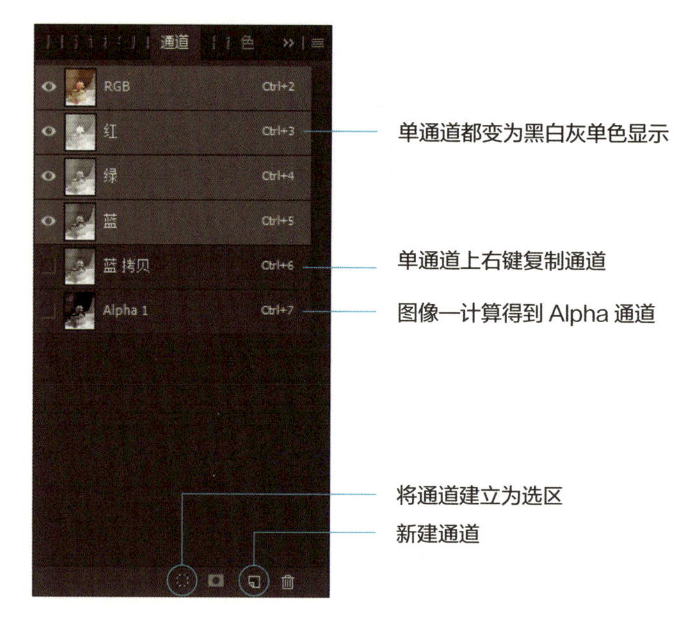

图 3-62 Adobe Photoshop 中的通道面板

码 3-5 Adobe Photoshop 的图片处理方法

2. 调色

调色的基本思路是先调明暗再调颜色。Adobe Photoshop 中有多个调色工具，我们往往配合使用。色阶、曲线、亮度 / 对比度等工具主要调整明暗，自然饱和度、色相 / 饱和度、色彩平衡、照片滤镜等工具主要调整色彩。

（1）色阶：色阶是比较灵活的调整明暗的工具，将图像分为高光、灰色、暗色区域，可以独立调节每个区域包含的色值数量，也可以单独调整各通道。白色滑块向左，则使图像中白色的地方更白；黑色滑块向右，则使图像中黑色的地方更暗；灰色滑块向左使整张图像颜色减淡，向右使整张图片颜色加深。

（2）曲线：用曲线调整明暗，首先在各个区域内加点，之后调整点的位置，点向曲线值上方调整则画面变亮，向下方调整则画面变暗。可以自己添加线条中的点，这样的调整相较色阶来讲更加灵活精细。（图 3-63）

（3）色相 / 饱和度：这一工具可以快捷地调整全图的色相和饱和度，也可以针对六大色系分别调整色相和饱和度，分别是红、黄、绿、青、蓝、洋红六个色系。如果要更改白色的色相 / 饱和度，则点击着色按钮，可以将其变为彩色。

（4）色彩平衡：色彩平衡是比较细腻的调色工具，可以根据自己的需要选择阴影、中间调、高光三个范围进行调整。（图 3-64）

3. 蒙版合成

电商设计中常用的蒙版有图层蒙版和剪切蒙版两种。蒙版就像是蒙在图层上的一层透明膜，黑色代表有，白色代表无，灰色代表半透明。

（1）图层蒙版：在普通图层被选中的情况下，点击图层面板下方的蒙版按钮，建立图层蒙版。在图层蒙版被选中的状态下，用画笔等工具涂抹黑色，则该区域被遮盖住，擦掉黑色图像又显示出来。

（2）剪切蒙版：剪切蒙版需要两个图层才能建立，上层是显示的图像，下层是容器。建立剪切蒙版的方法是，将鼠标放在两个图层中间，同时按住 Alt 键，当鼠标显示为向下的箭头时，单击鼠标左键。上层图像只显示下层容器区域，其他部分则被遮盖住。（图 3-65）

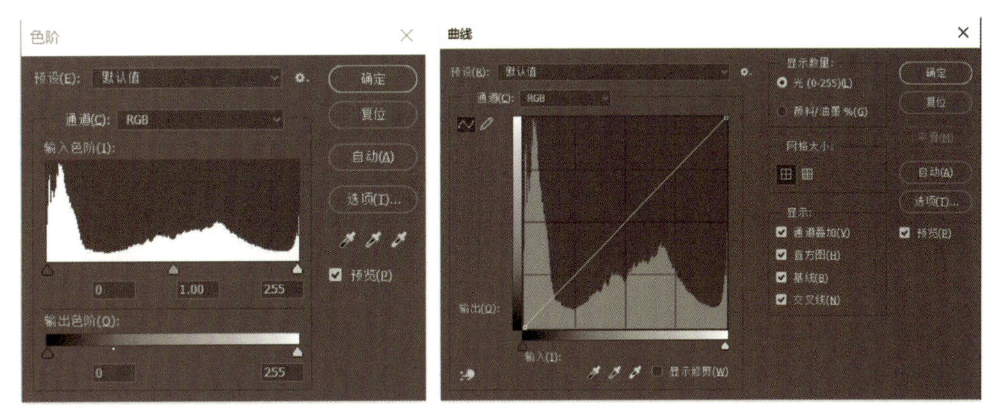

图 3-63 色阶和曲线面板

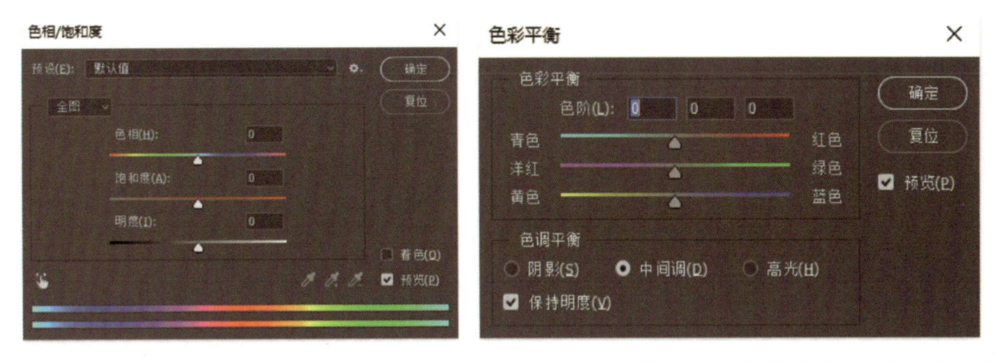

图 3-64 色相 / 饱和度和色彩平衡面板

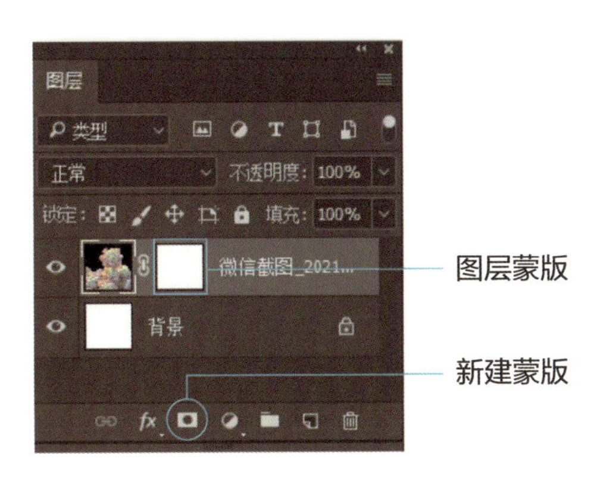

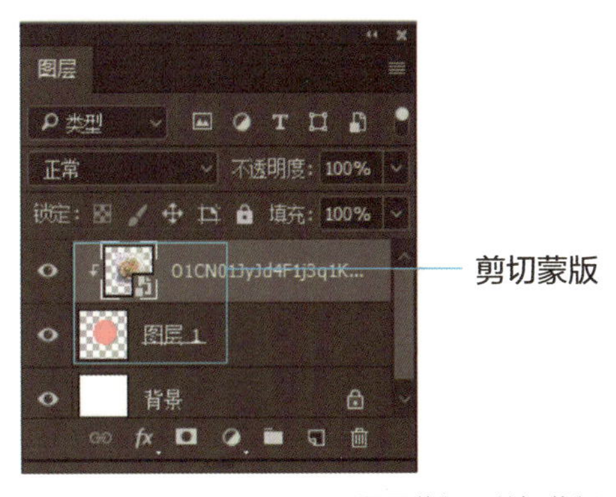

图 3-65 图层蒙版和剪切蒙版

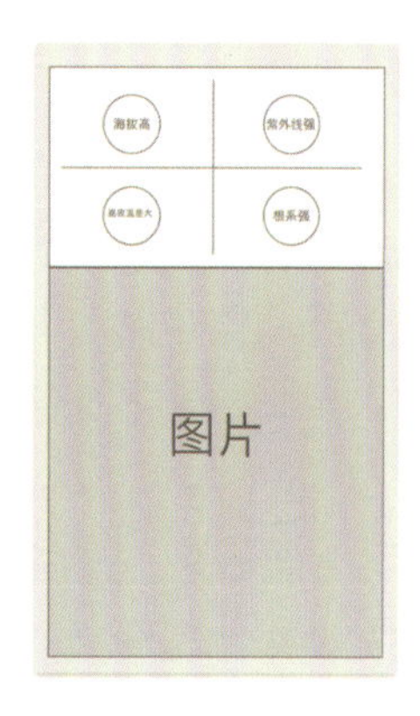

图 3-66 “多肉盆栽”详情页框架示例

码 3-6 “多肉盆栽”详情页制作实例

四、项目步骤

1. “多肉盆栽”详情页框架

根据项目说明中的图片和文案，我们进行了同类店铺的竞品分析，总结出“多肉盆栽”产品的详情页框架：首屏详情海报，采用场景搭建的方法营造出温馨、幸福的感觉；第二屏展示产品卖点，可以用图标的方式，体现“海拔高，紫外线强，昼夜温差大，根系强、状态佳”；第三屏体现商品图片；第四屏体现店铺保障服务；第五屏介绍其他款式的网红盆栽，形成引流。

在着手制作具体的 Adobe Photoshop 视觉图之前，可以先设计框架，用于跟客户快速地沟通，也便于更改。框架可以是手绘草图或用软件制作线框图，总之起到草稿和沟通的目的即可。（图 3-66）

2. “多肉盆栽”详情页设计

（1）制作详情海报（图 3-67、图 3-68）

选择做海报的产品图片应色调温馨自然，产品主体突出，如利用拍摄的场景图片做详情海报会更加真实自然。接下来介绍制作步骤。

A. 首先打开 Adobe Photoshop，新建画布为 750px 宽，5000px 高，分辨率为 72dpi，制作一个长页面。

图 3-67 “多肉盆栽”详情海报示例

图 3-68 “多肉盆栽”详情海报设计步骤

B. 用快捷键“Ctrl+R”调出标尺，拉出两条分别距离左右边距 100px 的参考线，再拉出一条距离顶部边距 130px 的参考线和一条距离顶部边距 1200px 左右的参考线，这样我们设计的主要内容就在这个区域内，也叫作版心。

C. 将产品图置入新建文件中，放置在合适位置。产品图有点儿短，因此我们需要将上部分用选区选中后拉长，再用模糊等工具使边缘变得清晰。

D. 使用文字工具，字体用思源黑体、Bold、58 点，输入海报主体文字；根据自己的需要，可以配合一些英文或者小字，让排版更有层次。

E. 使用矢量图形工具，绘制直线，将直线设置为高 1px，填充白色；再绘制小矩形，放置在直线上。

F. 用文字工具打出双引号，将其作为一个装饰元素放置在画面合适位置。

（2）制作详情介绍

根据产品图片的特点以及详情页的框架，延续详情海报的设计风格，制作详情介绍内容（图 3-69）。接下来介绍设计步骤。

A. 第二屏的卖点主要用图标的形式呈现。图标建议使用 Adobe Illustrator 等矢量软件绘制。在从详情海报底部向下 1200px 左右处建立参考线，这是第二屏的位置。

B. 置入产品图，并调整其大小到合适位置，执行图像—调整—自然饱和度命令，将自然饱和度调低一点儿。

C. 制作文字内容，中英文字体和详情海报一致，字号比详情海报中的字体字号小，颜色调整为深灰 #484848，尽量不用黑色。

D. 用矢量图形工具绘制圆角矩形，尺寸为 260px × 344px，圆角半径设置为 15px，填充白色，制作四个矩形整齐排列在页面中。

E. 将做好的图标放置进矩形，输入文字信息，第二屏就完成了。（图 3-70）在 Adobe Photoshop 图层中将第一屏和第二屏的内容编组。整理图层信息是很好的设计习惯。

F. 第三屏主要是产品图的展示，然后配合文字信息。由于产品图太短了，制作矩形并填充灰色，将矩形图层放置于图片层后方。

图 3-69 “多肉盆栽”详情介绍设计示例

图 3-70 “多肉盆栽”详情介绍设计步骤（1）

G. 在产品图的图册上建立一个图层蒙版，用黑色柔边缘画笔涂抹边缘，使产品图和背景灰色图层边缘融合。

H. 制作文字信息。延续之前文字的设置，文字位置根据图片的特点排版到右侧。第三屏完成，将图层进行编组。（图 3-71）

I. 第四屏主要是体现店铺的售后保障服务，因此主要是文字信息，而且这一屏也不用特别长，高度在 1000px 左右就可以。

J. 将产品图片放置进来，调整图片大小到合适位置；新建图层并绘制矩形填充黑色，不透明度为 40%，将这一层放到产品图片的上层。

K. 用文字工具输入文字内容，中文和英文设置与之前一致。

L. 绘制圆角矩形，尺寸为 598px × 369px，描边颜色为白色，粗细为 1px。

M.将三种保障内容输入，放置在矩形中，绘制圆形并填充白色，内部放置红色的文字，使内容更突出，最后把图标放置进来。（图 3-72）整理第四屏的图层进行编组。

N. 第五屏是列出店铺其他品种的盆栽，用来引流。首先放置背景图，调整到合适位置，然后输入文字内容，文字设置与第二屏一致。

O. 绘制圆形，执行图层—图层样式—描边命令，设置描边颜色为白色，粗细为 4px；制作九个圆形整齐排列。

图 3-71 “多肉盆栽”详情介绍设计步骤（2）

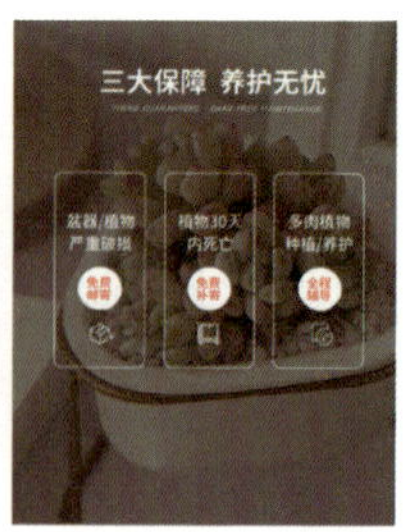

图 3-72 “多肉盆栽”详情介绍设计步骤（3）

图 3-73 “多肉盆栽”详情介绍设计步骤（4）

P. 置入植物的图片，用植物图层与圆形图层建立剪切蒙版，使植物只显示在圆形范围里。在所有的圆形中都放入植物图片，第五屏完成。（图 3-73）

五、知识拓展（卖点可视化表达）

电子商务产品的详情页设计，不是美工设计师一个人的工作，完整的电商团队应该还有策划或者运营人员对产品进行详情文案描述。设计师接收到方案之后，就要尽可能多地了解产品卖点及参数，了解页面主题、页面风格、主打方向，了解文案卖点的主次顺序是否合理，前后逻辑是否顺畅，对比市场竞品分析我们的优势和劣势是什么。这些内容一般都是文字形式呈现的，对于前期的沟通来讲很方便，但是我们需要给买家看的详情页面却不能有太多文字，因为在现在快节奏的生活中，详情页中大量的文字根本没有人阅读。这就需要设计师找到一种好的表现方法，把文字中的描述例如“超静音”“防静电”，转化成一眼就能看出来的图像，这个过程我们称为“卖点可视化表达”，可以说这是很重要的一种电商设计思维。

“卖点可视化表达”方法有很多，比如卖点图标化或者营造氛围、放大局部，等等，在这里我们主要看一些比较优秀的案例，分析其卖点与视觉的结合方法，学习其设计思路。

一款儿童电子手表的产品卖点是：精准定位功能，可生成定位轨迹。设计采用手表和地图以及定位符号的组合，让买家不需要阅读介绍文字，就能联想到定位和位置。一款猫砂的产品卖点是：具有除臭功能，成分更科学。将产品中代表除臭科技的黑色活性炭颗粒、蓝色STA颗粒等微观分子展现出来，这样就可以直观地看到除臭的分子在起作用，更具有说服力。（图3-74）

还有一些产品卖点很多，或者有很多功能，那么将卖点或功能整理为图标，更具有形式感。图标配合简短的文字介绍，会更方便买家提取重点。（图3-75）

六、思考与练习

自选一个产品，分析其卖点，整理出详情页的框架内容。搜集产品图片，要求清晰美观无水印。设计详情海报一张，尺寸宽为950px，高度在1200~1400px。设计该产品的详情页，要求不少于5屏，卖点清晰，画面美观，营销逻辑清晰合理。

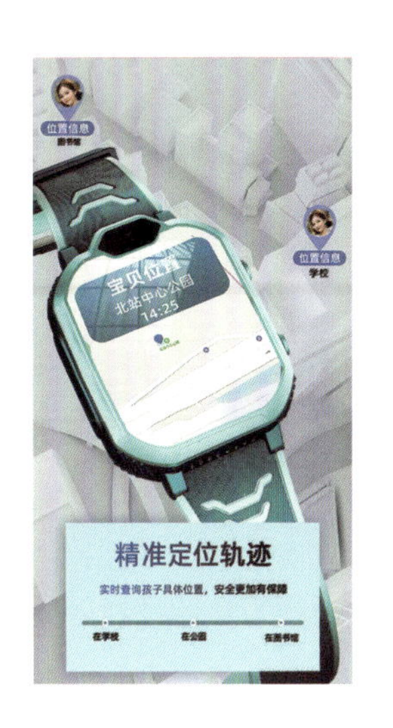

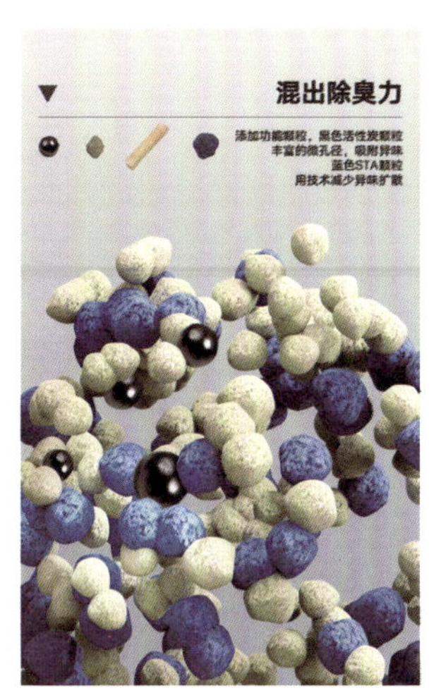

图3-74 卖点可视化表达（1）

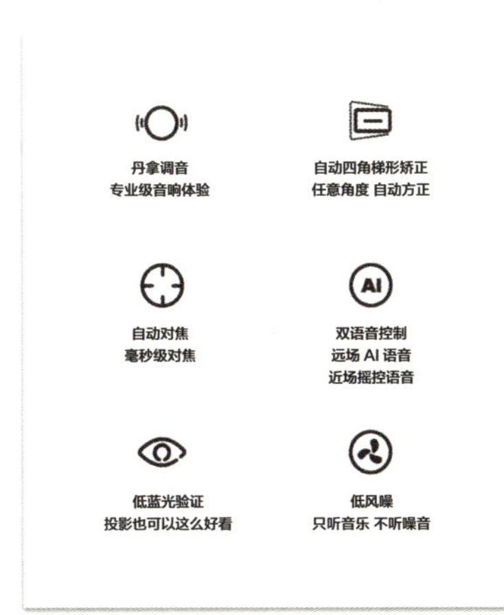

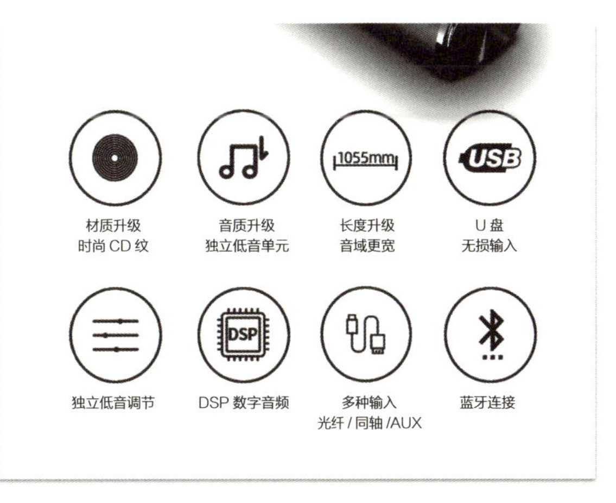

图3-75 卖点可视化表达（2）

后记

接到编写教材任务的那一天，我至今记忆犹新，那是 9 月 10 日，2021 年的教师节。我生活的城市已经有点儿冷了，但我想重庆的编辑那里一定还是温暖如夏呢，隔着大半个中国的距离，我们就在电话里把任务敲定，开始了为期半年的编写工作。

作为一名高校设计类专业的教师，我在专业和教学上经历了多年的积累和研究，也教授了一批又一批高校毕业生。结合自己的求学和教学经历，我深知本科阶段的专业课学习是非常重要的，可以说它决定着学生们今后是否能在设计行业上走深走远。有时候看着自己的学生们虽然努力，却不得要领、事倍功半，我就在想有没有更高效的教学方法，让学生们只要上了课，就能创作出优秀的作品，就能获得更多的自信与锻炼。理论知识固然重要，但是讲解完理论知识学生依然不知道怎么用，不知道如何转化成优秀的设计，这也许是所有设计类专业教学所面临的问题。带着这样的目的和期望，我开始了项目式教学的尝试，主动找到所在城市的互联网公司，与他们进行项目合作，实现校企融合式教学。为了激发学生们的学习动力，我引导他们组织项目汇报和展览，以期提升他们的项目参与感和荣誉感。这些尝试最终结成了丰硕的果实，学生们的专业能力和就业情况都得到较好反响，同时教学相长，我在教学过程中也收获了很多。

在此，由衷感谢出版社给予的信任，将如此重要的编写任务交给我，同时给我足够的空间自己安排教材结构，将应用型艺术课程的教学思路展现出来。一想到能出版一本自己编写的教材，心中就很激动，因为教材是为教师和学生服务的，这是非常有意义的事情。但同时也让我倍感压力，作为一名年轻教师，需要学习的地方还有太多太多，很怕自己辜负了读者的期待，唯有加倍努力与用心，诚挚地写下这些内容了。

本书的顺利完成离不开众多同僚的帮助和鼓励，在写作前期收集资料阶段，火星时代资深讲师郭老师、科盛网络里经理、大厂运营苑老师等几位前辈不遗余力、知无不言，让我非常感激和感动。学校领导也给予我很多支持，在疫情校园管控期间也让我可以去学校办公，为教材的编写营造了很好的学术氛围。随着后记的完成，本次编写任务基本结束，但这也是新的开始，我会带着诚挚的热心和更扎实的专业知识，培养更多优秀的应用型设计人才，在教师这个岗位上不忘初心地耕耘下去。